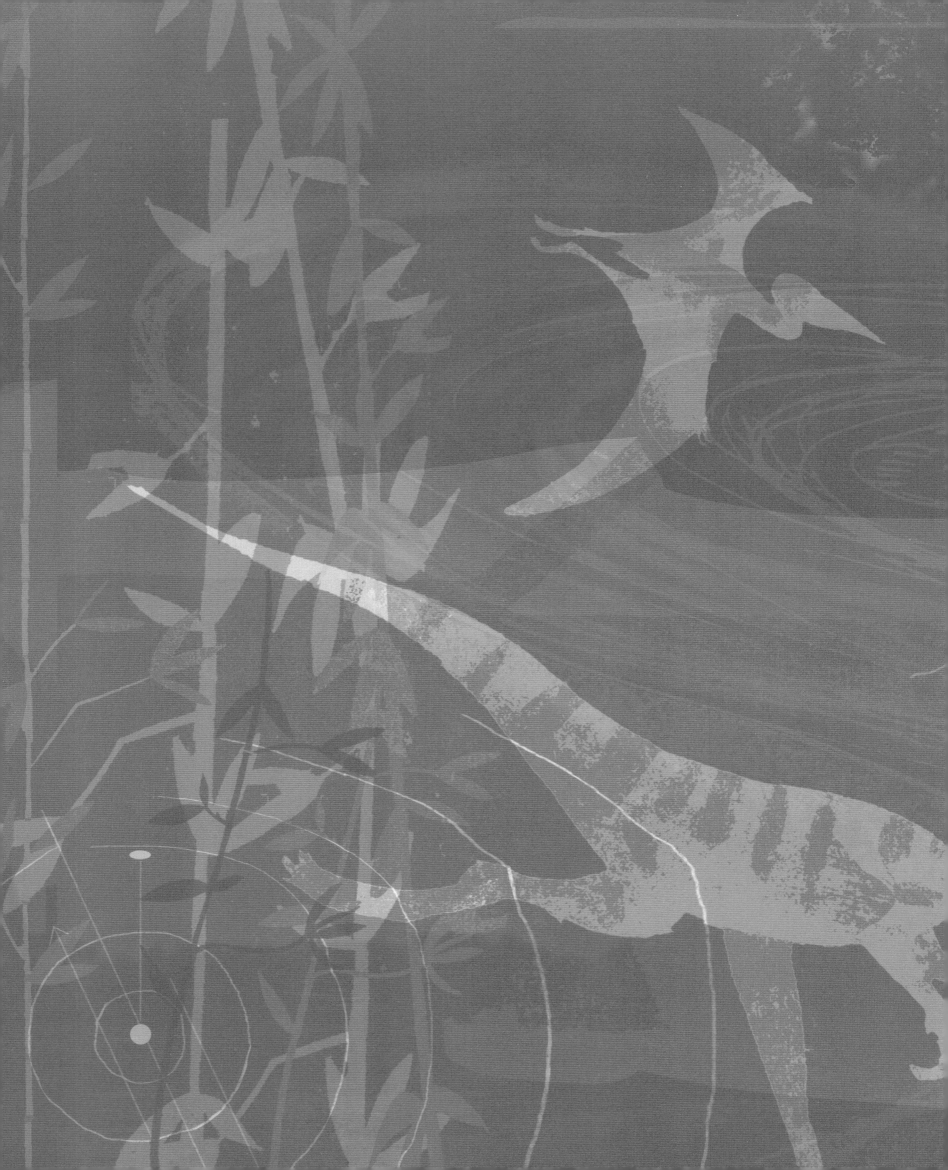

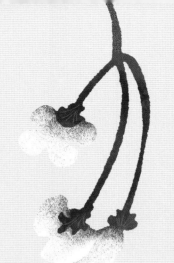

地球大书

献给劳拉、里昂和苏菲，你们就是我的全部。
——乔纳森·利顿

献给萨利。
——托马斯·海格布鲁克

不断变化的世界？

你会发现，世界总是在不断变化，我们对世界的理解也在不断改变。

新的事物总会出现，新的记录也可能代替旧的记录。我们将很高兴在以后的版本中更新信息。

请随时向我们提出修改意见。

图书在版编目（CIP）数据

地球大书：图说我们的生命家园 /（英）乔纳森·
利顿著；（英）托马斯·海格布鲁克绘；曹湘宸译 .—
重庆：重庆出版社，2018.8
ISBN 978-7-229-13348-1

Ⅰ. ①地… Ⅱ. ①乔… ②托… ③曹… Ⅲ. ①地球—
儿童读物 Ⅳ. ①P183-49

中国版本图书馆 CIP 数据核字（2018）第 150544 号

地球大书：图说我们的生命家园
DIQIU DASHU TUSHUO WOMEN DE SHENGMING JIAYUAN
〔英〕乔纳森·利顿 著　〔英〕托马斯·海格布鲁克 绘　曹湘宸 译

责任编辑：孙　曙　敖知兰
特约编辑：胡玉婷　韩青宁
封面设计：田　晗

重庆出版集团　出版
重庆出版社

重庆市南岸区南滨路162号1幢　邮政编码：400061　http://www.cqph.com
鹤山雅图仕印刷有限公司印刷　青豆书坊（北京）文化发展有限公司发行
Email: qingdou@qdbooks.cn　邮购电话：010-84675367

全国新华书店经销

开本：787mm×1092mm　1/8　印张：9　字数：35千字　2018年8月第1版　2024年2月第3次印刷
ISBN 978-7-229-13348-1

定价：148.80元

如有印装质量问题，请向青豆书坊（北京）文化发展有限公司调换，电话：010-84675367

Original title: The Earth Book
First published in Great Britain 2017 by 360 DEGREES,
an imprint of the Little Tiger Group
1 Coda Studios, 189 Munster Road, London SW6 6AW
Text by Jonathan Litton
Text copyright © Caterpillar Books 2017
Illustrated by Thomas Hegbrook
Illustrations copyright © Caterpillar Books 2017
All rights reserved.

图说我们的生命家园

地球大书

〔英〕乔纳森·利顿（Jonathan Litton）著
〔英〕托马斯·海格布鲁克（Thomas Hegbrook）绘
曹湘宸 译
吴 放 校

重庆出版集团 重庆出版社

欢迎踏上发现之旅

在浩瀚的宇宙中，有一颗微小的星球，它位于银河系中一个僻静的角落，环绕着一颗正处于壮年期的普通恒星转动。它只是亿万万颗星球中的一颗，却是目前我们已知唯一有生命的星球。自古以来，它的环境变化不息，充满稍纵即逝的美丽。由于种种原因，曾经存在的物种99%已经灭绝，剩下的1%却依然展现着令人惊叹的奇观：从狐猴到旅鼠，从红杉到南极苔藓……就像一场自然物种的持续狂欢。近代以来，人类创造了新的栖息地——城市和乡村，并利用地球提供的能源和资源满足生存的需求，地球和人类的发展越来越多地交织在一起。为了更好地认识和保护这个宇宙中渺小脆弱的家园，让我们一起踏上发现之旅，去探索它的每一个角落吧……

地球一瞥

地球上有太多地方值得探索，该从哪里开始呢？

当然啦，我们首先应该研究一下地球的起源、构造以及它的动态演化过程。

接着，我们去看看那神奇的生命阵列——从生命由原生有机浆液中滋生，到如今呈现在我们眼前，由无数群落和栖息地组成的大奇观。

接下来，我们会开启一场有关生态系统和生存环境的环球之旅，这既值得期待，也非比寻常，比如在热带雨林中邂逅企鹅！

在最后一章，我们将回到人类世界，聊聊人类从何而来、国家和大洲的划分依据、历史上最有影响力的人有哪些，等等。

我们衷心希望你喜欢这次奇妙的图画旅行，并在旅途中用心感受我们生活的这个简朴家园。

地球物理
通过地震、火山、雷雨、海啸等自然现象来研究地球的内部活动。

地球上的生命
了解地球上数以十亿计的"居民"，从小到大，从古至今。

地球的不同区域
探索地球各个角落丰富多样的生态系统，包括沙漠、雨林、海洋和岛屿。

人类星球
从大迁徙、人口增长、城市建设、可持续发展等角度来反思人类对地球的影响。

地球物理

再看看那个光点，它就在这里。那是我们的家园，我们的一切。

——卡尔·萨根

在茫茫宇宙中，我们的行星微不足道，但对于那些以它为家的动植物来说则意味着一切。地球是一块正当中年的太空岩石，它的自然寿命已度过一半。地球的结构很复杂，层层叠叠，最里层是超高温的地核，最外层则是大气圈。它是太阳系中唯一一颗有明显板块构造的行星，它拥有的以水为基础的气象系统也独一无二。有时，地球会爆发地震、火山、龙卷风、海啸等自然现象，向我们这些居民展示它的原始力量。更多时候，我们只需坐下来，赞叹它不可思议的自然之美。

地球
是怎么
形成的？

地球的"孪生兄弟"
很多科学家相信，地球曾经有一个"孪生兄弟"，一颗叫作忒伊亚（Theia）的行星。有一天，它们的轨道交错，发生了巨大的碰撞。地球吸收了忒伊亚的大部分物质，那些被甩出的物质形成了月球。这也被称作"大碰撞理论"（Big Splat Theory）。

在约 90 亿年的漫长时光里，宇宙中是没有地球的。但在约 46 亿年前，一个巨大的星际尘埃云（由星球爆炸的尘埃组成）经历了一次宏伟的转变。物质在引力作用下被吸入中心物质区域，一个炽热、高密度的星体——太阳诞生了。

引力作用
引力把物体吸引在一起。物体越重，引力越强，所以太阳的引力特别强。

尘埃云的大部分质量形成了太阳，剩下的一小部分则绕着太阳旋转，构成了原行星盘。在太阳形成大约 1 亿年后，受引力作用，原行星盘中相继诞生了行星、卫星和彗星等太阳系天体，地球也在其中。

现在你知道了吧，地球是由原始星云演化来的，地球上所有的生物，也是这样产生的。

形成阶段

我们对太阳系成因的认识在不断进化，如今，大多数科学家确定了一套基本的理论：

超新星爆发

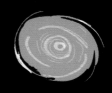
太阳系星云

原行星盘

为什么"大碰撞理论"看起来是正确的呢?

"大碰撞理论"很好地解释了为何相比于自身体积,地球的地核大得如此不可思议(与地球相撞后,忒伊亚的大部分质量集中到了地核上),这也是月球的构成与地球很相似的原因(月球主要由地球的物质组成)。另外,这也解释了为何月球自转的周期与绕地球公转的周期一致(由于月球的自转周期和公转周期相等,所以我们在地球上只能看见月球的一面)。

中心天体

太阳是太阳系的中心天体,占太阳系总质量的 99.86%,这些物质被压缩在太阳这个超级热的球体里。

太空岩石

残留的大多数岩体物质,形成了其他行星和它们的卫星,有一些则变成了矮行星和小行星。

在引力作用下,太阳系形成。 形成行星,太阳系逐渐稳定。

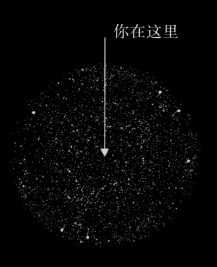

你在这里

可观测的宇宙

宇宙的可视直径是 920 亿光年，以此为尺度，我们的星系简直渺小得都看不见了。

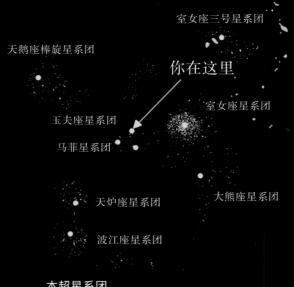

室女座三号星系团

你在这里

天鹅座棒旋星系团

室女座星系团

玉夫座星系团

马菲星系团

天炉座星系团

大熊座星系团

波江座星系团

本超星系团

在本超星系团里，银河系看起来就只是一个斑点而已。

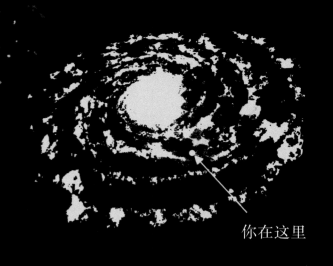

你在这里

银河系

银河系有多条旋臂，太阳系只是其中一条悬臂上的一个小点。在星际"都市"里，我们位于郊区。

太阳系从中心向外数的第三颗石头——地球

浩瀚宇宙，渺小地球。你必须将宇宙显微镜的镜头推得很近，放大图像，才能在茫茫宇宙中找到我们的星球。在宇宙中认识我们的家园，能让我们学会谦卑。因为我们的地球太小、太脆弱，我们要珍惜和爱护它——毕竟，这是我们已知的赖以生存的唯一居所。

太阳系从中心向外数的第三颗石头——地球

太阳的质量占太阳系的 99.86%，相形之下，地球的质量很小，只占 0.000003%。但对我们来说，这样小的体积与质量正好有利于形成大气圈。地球与太阳的距离也适中，处于"金发姑娘地带"（即宜居带，由童话《金发姑娘和三只熊》衍生出"金发姑娘原则"，意指适中、刚刚好。——编者注）。如果离太阳太近，温度会过高，离太阳太远，温度则过低。

地球的"近邻"

太阳系包括八大行星和一些矮行星、彗星、小行星。目前为止，木星是其中最大的行星，它的质量比其他七大行星质量总和的两倍还要多。

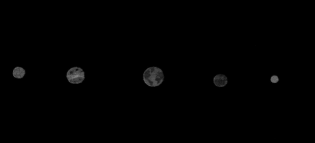
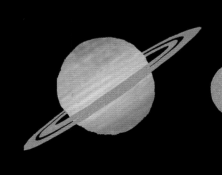

水星　金星　地球　火星　谷神星　木星　土星　天王星

你在这里

暗淡蓝点
这张照片很著名，它是旅行者一号在1990年飞出太阳系时对地球的回眸一望。在这张照片上，我们的地球看起来比一个像素点还要小。

还有别的地球？
迄今为止，我们所观察到的最像地球的类地行星之一，被命名为开普勒－62f（Kepler-62f），但目前还没发现它上面有生命迹象。

远处的世界
2006年，冥王星从行星降级为矮行星。从那时起，我们观察到越来越多与地球相距遥远的矮行星，如阋神星（Eris）、塞德娜（Sedna）、鸟神星（Makemake）和V774014。

海王星

冥王星与卡戎

阋神星

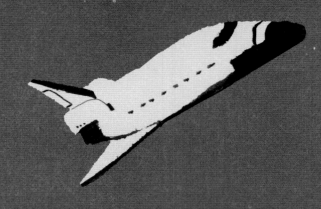

地球与太空的分界线在哪里？

官方认可的数据是距离海平面100千米处为地球与太空的边界，但这是人为划分的。真正的分界线是人们观察到的大气层，大气层分很多层，每一层都有不同的特征。

散逸层（外层）
它是地球大气层的最外层——大气粒子受地心引力极小，粒子相隔较远，这意味着它们不再像气体那样活动。散逸层向更深、更黑的太空中延伸、变薄。

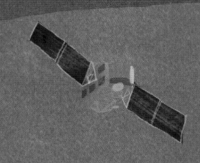

热层（电离层）
热层的温度最高可达2000摄氏度以上，但由于热层的空气极为稀薄，所以体感温度并没那么热。国际空间站就建在热层里。

中间层
少数气球可以到达中间层，不过我们对大气层中的这一层仍知之甚少。

平流层
珠穆朗玛峰的顶点耸入平流层，一些鸟和细菌可以在这一高度生存。

对流层
对流层是大气层的最底层，大气层的大部分质量集中于此。所有的天气现象和云层也都位于这一层。

地震和火山

通常情况下，我们脚下的大地非常稳固，但时不时地，总有一些地方的内部并不是那么稳定。地震和火山让我们得以一瞥地球内部的活动，向我们展示了我们所生活的星球处于活跃的变化中。

地震

地球的地壳可分为许多板块，板块之间非常缓慢地相互挤压或彼此远离。板块相撞的地方被称为断裂带，也是数十年乃至几个世纪里酝酿巨大能量的地方。最终，地壳岩层突然破裂错动，一些板块为另一些板块让路——这就是地震。地震发生的地下中心称为震源，地表上距震源最近的点称为震中。

断层线

断层

震中

地震波

震源

亚欧板块

环太平洋 火山地震带

北美洲板块

亚欧板块

加勒比海板块

阿拉伯板块

太平洋板块

非洲板块

印度洋板块

纳斯卡板块

南美洲板块

澳大利亚板块

南极板块

南极板块

斯科舍板块

环太平洋火山地震带（Ring of Fire）

左图展示的是地球的主要板块构造。太平洋板块的周围是地震和火山的频发区，所以这块区域就被称为环太平洋火山地震带（看上去是马蹄形）。全世界90%的地震和75%的火山集中于此，这是一片既美丽又危险的地方。日本、智利、印度尼西亚经常会发生这些灾害，所以在这些国家，不管是上班族还是学生，每个人都要定期进行防灾减灾演练。

火山

火山是地球的"窗口",当地球内部压力增大时,炽热的岩浆、气体和火山灰会从这个"窗口"逸出。大部分火山位于板块断裂带上,但仍有少数火山分布在远离板块断裂带的地方。一些火山喷发后会进入长达几个世纪的休眠,并且它们中的大部分无法预测下次喷发的时间。通常,陆地上大约有 10 至 20 座火山会随时爆发,更多的熔岩喷发则发生在海底。

水蒸气、气体和火山灰

火山灰由细小的岩石颗粒、矿物质和火山玻璃岩组成。它在爆炸反应中形成,在有利风向中可以穿越数百甚至数千千米。

盛行风

火山口

二次冷却区

熔岩流

火山通道

火山灰层和
火山碎屑物质

岩墙

岩盘

岩床

岩浆源

喀拉喀托火山

印度尼西亚的喀拉喀托火山是世界上最壮观和最致命的火山之一。它经常把熔岩喷向空中,我们把这种喷发过程叫作斯特龙博利式火山喷发。

维苏威火山

维苏威火山位于意大利,是欧洲大陆上唯一的一座活火山。它喷发时会喷出大量火山气体和火山灰,我们把这种喷发形式叫作普林尼式火山喷发。

庞贝古城

公元 79 年,维苏威火山爆发。庞贝古城里成百上千的居民被埋在火山灰中,他们的遗骸保存了数个世纪。

A'A 和 PAHOEHOE

夏威夷语中用两个美丽的名字来表示熔岩流:a'a 与 pahoehoe,a'a 意为橙色的,pahoehoe 则指平滑的灰色泥状物,这个词现在专指绳状熔岩。

9

水循环

对于立志成为气象学者或天气专家的人来说，掌握水循环的知识至关重要。来，看看你是否了解这个过程：经过蒸发、蒸腾、降水、径流、下渗等环节，水就这样周而复始地循环着。

云

当水蒸气液化成小水滴或凝华成小冰晶，并附着在大气中的微尘上时，就形成了云。它们大小不同，形状各异，但并不是所有的云都会下雨或下雪。

降水

（包括雨、雪、雨夹雪、冰雹）

卷云

很漂亮，由高空的细小冰晶体组成。

高积云

云层排列整齐。

高层云

呈灰色或浅蓝色。

冰雪融水

径流

雪

当空气温度很低，云中的冰晶凝结在一起时，就形成了雪花。当这些雪花变重到气流托不住它们时，就会飘落到地上。

径流是指地面上流入溪流、河流、湖泊和海洋的水流。

汇流

四季

由于地轴是倾斜的，使得地球在公转过程中南北半球离太阳的距离有近有远，从而形成了四季。当北半球正值夏季时，南半球则为冬季，反之亦然。

河流和湖泊

地表上的淡水有八分之七都储存在淡水湖里，河流里的淡水储量则要小得多。

蒸腾

水蒸气从植物叶片的表面散发出来。

泉

地下水有时会再次喷出地表，就形成了泉。

下渗

（水渗入土地）

地下水

在地下的岩石空隙中，储存有大量的水。大多饮用水都储存在地下蓄水层里，它们是天然的地下水库。

流动

被植物和树吸收。

储存水

卷层云

之又高又薄。

阳光

太阳照射地球，给大气、陆地和海洋带来热量。这些热量是天气变化的主要动力。没有太阳，就没有天气变化！

天气变化是怎么回事？

积雨云

超高层雷雨云

积云

形状类似花椰菜。

彩虹

太阳光穿过大气中的小水滴时，会产生反射和折射现象，创造出大自然中最美丽的景观——彩虹。

蒸腾

水蒸气从植物叶片表面散发出来。

日常生活中，我们最常谈论的话题之一就是天气，它影响着全世界人类的活动。虽然我们已经弄清了不同天气现象的成因，但科学家们认为，由于天气千变万化，我们没办法得出百分之百精确的天气预报。所以，随身带把伞，以防万一吧！

雷和闪电

雷雨云的厚度甚至可以超过 10 千米。闪电是一种放电现象，产生于带负电荷的雷雨云和带正电荷的大地之间。伴随闪电而来的，是隆隆的雷声。

径流

陆地

风

风通常朝着某个特定的方向吹，其风向取决于你在地球上所处的位置。因为大气被分为几个环流圈，气流会沿着固定的方向上升或下沉。

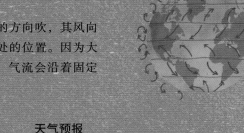

下沉气流
上升气流

蒸发

海洋

海洋的水量占地球水资源的 97%。

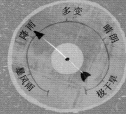

天气预报

气象学家利用安装在天上和地上的仪器获得海量的数据，通过分析这些数据，他们预测未来的天气变化。但不能保证百分之百正确，有时他们也会出错！

天气和气候

天气是指短期内的大气现象，如雨、雪和风，气候则指长期的天气状况。

人为改变天气

早在古时候，人们就想掌控天气，现代科技让这个梦想成为现实。通过人工降雨飞机向云中播撒碘化银等催化剂，能将水蒸气结成冰晶的概率最大化，进而增加降雨量。

奇异天象

经常有关于"非水态雨"的报道，从天上落下来的不是雨水，而是鱼、蟾蜍、蚯蚓，甚至蜘蛛！这些罕见的事件被认为是由类似龙卷风的大风引起的。

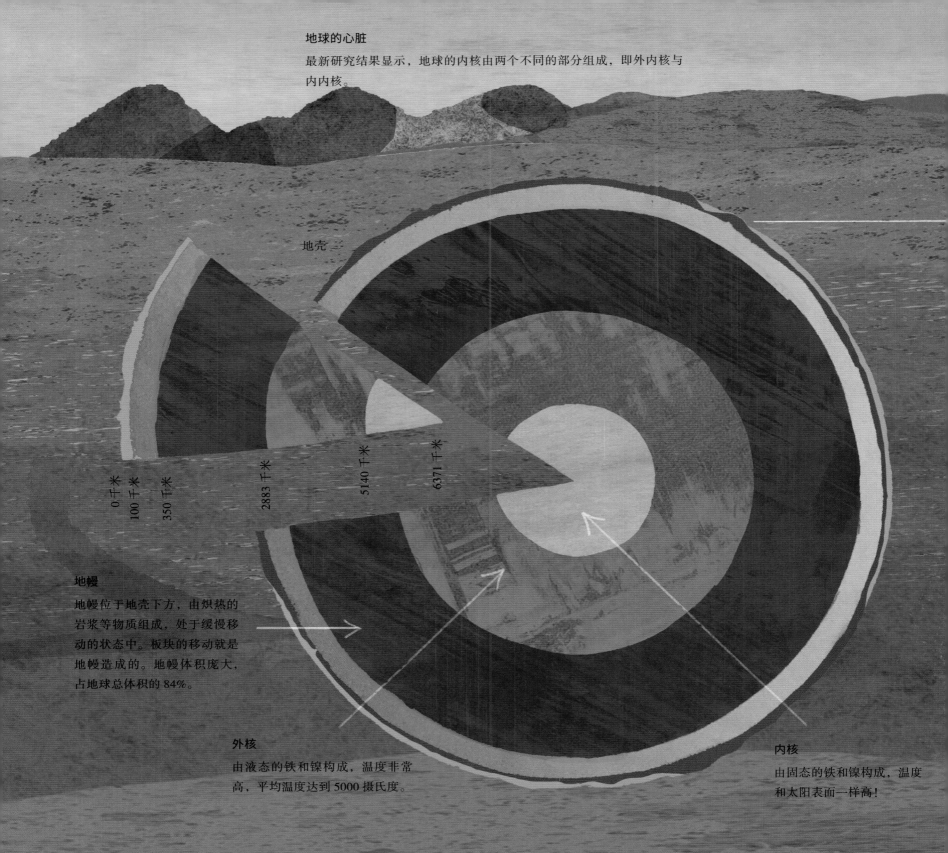

地球的心脏
最新研究结果显示，地球的内核由两个不同的部分组成，即外内核与内内核。

地壳

0 千米
100 千米
350 千米
2883 千米
5140 千米
6371 千米

地幔
地幔位于地壳下方，由炽热的岩浆等物质组成，处于缓慢移动的状态中。板块的移动就是地幔造成的。地幔体积庞大，占地球总体积的84%。

外核
由液态的铁和镍构成，温度非常高，平均温度达到5000摄氏度。

内核
由固态的铁和镍构成，温度和太阳表面一样高！

地心 "游记"

　　地心的温度和太阳表面的温度一样高，所以我们不可能来一场真正的地心旅行。地壳内部的温度太高了，以至于我们向地壳深处多钻几千米都不可能，所以我们一般通过间接观察的方式来了解地球内部的状况，比如地震波如何传播、化学物质在特定密度下以何种形式存在等。就在最近，我们发现了地球的"内内核"——地球这颗"洋葱"的另一层！

相对来说，地球表面比保龄球还要光滑——世界上最高的山比地球半径的 0.1% 还要小。

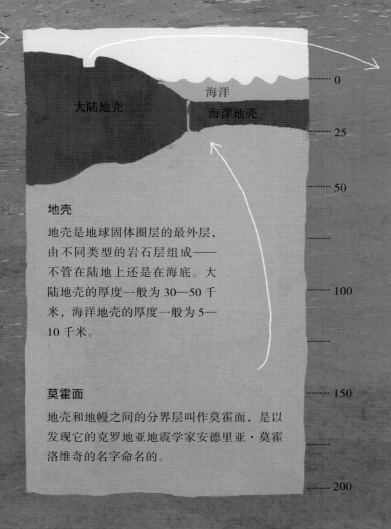

海洋

大陆地壳

海洋地壳

0

25

50

100

150

200

地壳

地壳是地球固体圈层的最外层，由不同类型的岩石层组成——不管在陆地上还是在海底。大陆地壳的厚度一般为 30—50 千米，海洋地壳的厚度一般为 5—10 千米。

莫霍面

地壳和地幔之间的分界层叫作莫霍面，是以发现它的克罗地亚地震学家安德里亚·莫霍洛维奇的名字命名的。

探索地球表面

人类好不容易才对地表有了些许探索。迄今为止，我们在大陆地壳上钻出的最深的洞达 12.3 千米，叫作科拉超深钻孔，位于俄罗斯偏远处的一座白塔下。钻探始于 1979 年，持续至 1992 年，钻出的深度打破了此前的世界纪录。然而，由于地下的温度比预期的要高，这个项目不得不终止了。

现在，白塔已经没有了，只有一个生锈的盖子盖在这个世界上最深的洞上，以防止有人去看。

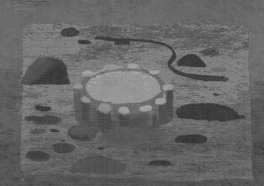

埋藏在地下的宝藏

地壳的组成物质绝大部分是氧和硅，但也有很多更加珍贵的资源埋藏在地下，包括——

金

尽管采金史已超过 1000 年，但如果我们把所有的金子都放在一个正方体容器中，这个容器的每一边也只有 21 米长。所以说，金子真是一种稀有的金属！

碳：钻石

钻石是地球上最吸引人的物质之一。简单地说，碳原子以晶体结构的形式排列就是钻石。

钚

这种灰色的元素非常稀有，具有很强的放射性，就是说它能不断发出对人类有害的辐射线。但只要操作得当，钚能用来发电。

铂

铂比金和银还要稀有，这种贵重金属主要被用在珠宝、汽车和电子器件中。

碳：石墨

形成钻石的同一种碳元素也形成了石墨。我们常用的铅笔芯就是用石墨做的。

银

有时，银子被称为金子的"丑妹妹"，银的开采量几乎是金的 10 倍。

13

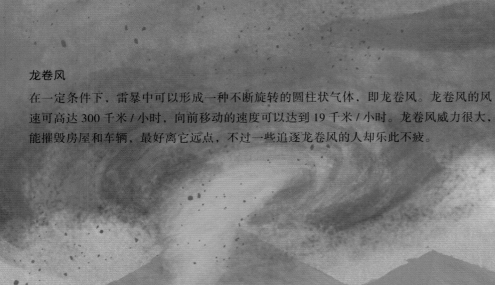

龙卷风

在一定条件下，雷暴中可以形成一种不断旋转的圆柱状气体，即龙卷风。龙卷风的风速可高达 300 千米 / 小时，向前移动的速度可以达到 19 千米 / 小时。龙卷风威力很大，能摧毁房屋和车辆，最好离它远点，不过一些追逐龙卷风的人却乐此不疲。

闪电

闪电只有 2.5 厘米宽，但它的温度却是太阳表面温度的 5 倍。当带负电的雷雨云和带正电的地面接触时，就形成了闪电。闪电就是云与大地之间的巨大电路循环。

威力无比的地球

大自然中会发生很多威力无比的事情，远看十分壮观，近距离体验却很危险，有时甚至会致命。所以，不管是火山、地震还是飓风、龙卷风，弄懂地球的这些"洪荒之力"十分明智。

海啸

海底地震会产生巨大的海浪，当这种海浪抵达海岸时，浪高可达 30 米。海啸的破坏力非常惊人，2004 年在印度洋海啸中丧生的人数将近 25 万。

洪水

洪水指的是江河湖海里的水溢出，在干燥的土地上泛滥成灾的现象。人类活动使洪水愈发普遍，比如用混凝土覆盖地面后，水无法自然下渗排出。滥砍滥伐森林也是洪水愈发频繁的原因之一。

飓风

飓风延伸的范围约 1000 千米，能形成风速超过 300 千米 / 小时的旋风。它们在温暖的海域积聚起热量和能量，越过陆地时，会造成范围极广的破坏。

风眼

火山

火山的力量十分惊人。最大的火山爆发可以在数十甚至数百千米之外听到，喷发的物质也可以向外移动超过数千千米。冰岛科学家正尝试将这种原始的自然力量开发为电能。

山体滑坡

陆地并没有看起来那么坚固。如果岩石和土壤之间不够紧实，成吨的岩土就会在重力作用下滑落，尤其是沿着峭壁陡坡下滑。水会使岩石变得疏松，也可能诱发山体滑坡。

雪崩

雪崩类似于山体滑坡，只不过山体滑坡是岩土滑落而雪崩是雪滑落。由于积雪的内部不像岩石那样紧密，雪在向下滚的过程中会越卷越多，对位于下方的人造成潜在的致命威胁。

地震

最能代表地球原始力量的，莫过于威力无穷的地震了。地震强度用震级来表示，一般用里氏（里克特）震级来表示地震能量，用麦氏（麦加利）震级来表示地震对人类造成的影响。人们预测，"大地震"每 10—50 年就会爆发一次，会对地震影响范围内的地区造成毁灭性打击。

天坑

有时，地表会发生塌陷，形成一个巨大的深坑，吞掉汽车、房屋甚至工厂。天坑看似是瞬时形成的，但实际上，地表塌陷之前，在地下水经年累月的侵蚀作用下已经形成了溶洞。天坑遍布世界各地，我们没法预测何时何地会形成下一个。

板块构造理论

地壳分为若干个缓慢移动的板块，它们每年通常移动 1 厘米左右。但是经过上百万年的时间，整个大洲就能移动半个地球的距离！在恐龙时代，地球上曾有一个整块的超级大陆，被称作"泛大陆"。

2.25 亿年前

1.5 亿年前

现在

不断变化的地球

海岸侵蚀

海浪拍打着海岸线，让土壤和岩石慢慢变松，陆地逐渐被侵蚀。有时这种现象会非常明显，在英国北方的部分地区，海岸线每年后退超过 2 米。当暴风雨来临时，甚至会把整个房子卷走。

随着时间的流逝，地球发生了显著的变化，有很热的时期（原生阶段），也有很冷的时期（冰川期），还有大洲漂移到不同位置，恐龙进化后又灭绝，火山和山脉隆起，先前的土地被海洋侵蚀等。大部分变化都发生得非常缓慢，甚至超过数亿年，但偶尔也有些大变化会在眨眼间发生。

冰川

在塑造陆地形态方面，冰川的力量比水流更强大。冰川就像缓慢移动的固体河流，塑造着它滑过的陆地，雕刻出平滑的山丘和峡谷。全球变暖意味着目前大多数冰川有融化的危险。

间歇泉

在适当条件下，蒸汽和地下水会从小孔洞里喷出，被称作间歇泉。这些"水和蒸汽火山"非常罕见，它们展示出地球内部的力量。在壮丽地喷发之前，这些水通常已经被地下两千米深处的岩浆加热。

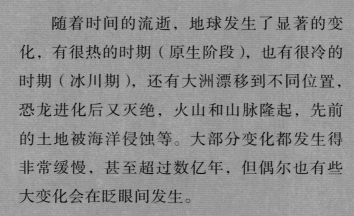

山的成因

当大陆板块相撞时，地壳顶部受到挤压从而形成山脉。5000 万年以来，由于印度洋板块和亚欧板块持续碰撞，珠穆朗玛峰每年会增高约 4 毫米。

冰丘（Pingos）

冰是陆地上神奇的雕刻家——再也没有比北极冰丘更充分的例证了。只有在极寒的条件下，冰层每年冷冻再消融，才会形成这些松软的岩层堆积物。加拿大北部是冰丘集中区。

地球上的生命

善良之人与一切生灵为友。

——圣雄甘地

我们的地球被证明是完美的生命孵化器。自从 38 亿年前单细胞生物从"原始汤"中产生以来，地球上已经诞生了 10 亿个物种，至今仍有 1000 万个物种存活。从忍受着南极酷寒的植物，到能在真空中生存的水熊虫，生命的多样性和独创性令人啧啧称奇。接下来，我们将探索这些既伟大又渺小的生命，比如植物、真菌、细菌、古生菌以及其他生命类型。除了观察地球上现存的生命，我们还将穿越到史前时代，去了解当时地球上多种多样的"居民"！

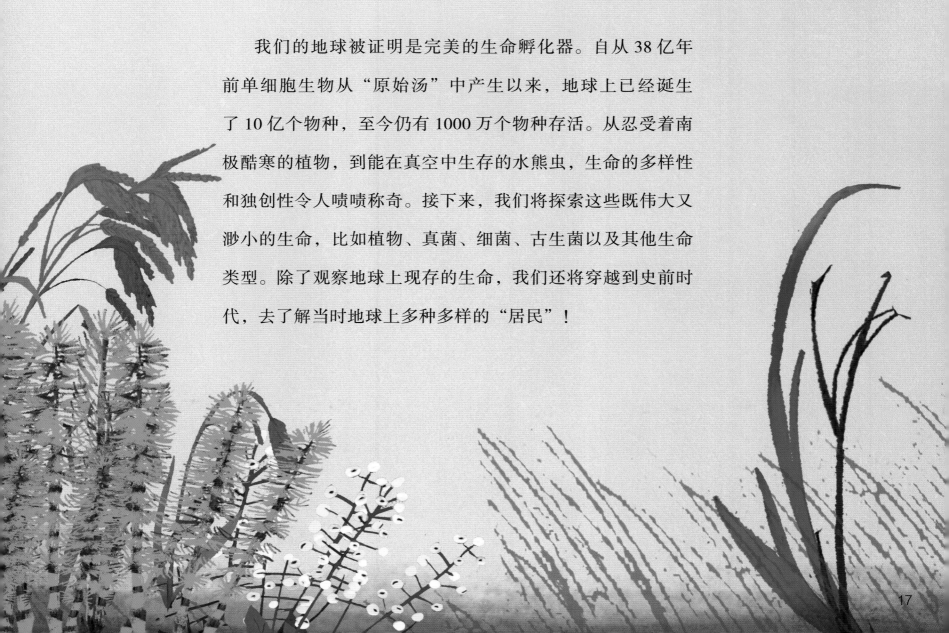

露卡（LUCA）：生命的种子
很多人认为，现存所有生物都是从36亿年前一个名为LUCA（Last Universal Common Ancestor，最后的共同祖先）的单细胞生物进化来的。

子囊菌类

双子叶植物纲

单子叶植物纲

买麻藤门

银杏属

针叶树

木兰类植物

球囊菌门

珊瑚菌

蕨类植物

苏铁类

八角茴香

芽枝霉门

木贼类

睡莲

松叶蕨属

无油樟目

新丽鞭毛菌

壶菌门

石松类及其亲缘

微孢子门

角苔类

藓类植物

植物界

绿藻类

苔类植物

灰藻类

红藻类

腰鞭毛虫

顶复亚门

纤毛虫

有孔虫

真菌界

古质体

囊泡虫

放线菌类

有孔虫界

动物界

水生真菌类

菌界

囊泡藻界

褐藻类

硅藻纲

隐孢子虫属

鞭毛藻

金藻科

古虫界

领鞭毛虫

螺旋原虫

变形菌门

绿菌门

甲藻门

变形虫界

黄杆菌纲

浮霉菌门

衣原体门

革兰氏阳性菌

细菌域

抗辐射微球菌及其亲缘

绿色非硫细菌及其亲缘

热袍菌门

古菌域

不断变化的生命之树
我们对于生命的理解是不断发展的。微生物是我们知之甚少的领域，目前科学家们正在研究这棵树低处的树枝之间的关系。因此，这棵生命之树应该被看作是活生生的、不断变化的存在，其新芽会不断萌发生长，老枝则不断消失。

生命之树

据最乐观的估计，地球上存在过 10 亿个物种，如今，99% 的物种都已灭绝。但那剩下的 1%，从细菌到蓝鲸，从蘑菇到圣诞树，依然极其丰富。所有的生命都彼此相关，均起源于"原始汤"中的原始单细胞生物。我们可以通过树枝的形式对生命进行分类——大的树枝代表不同的界，如植物、动物、细菌，小的树枝代表不同界下的分类，甚至那些细枝末叶也代表着难以置信的巨大种群数量——大约有5400 种哺乳动物和 100 万种昆虫。但在这里，我们只能展示每个分类中的一个。

极地
（北极和南极）　冻原（两极和
高山地带）　泰加林（北方
针叶林）　温带落叶林　热带雨林　热带稀树
草原　灌木丛林（炎热、
干燥的荒原）　温带草原　荒漠
（亚热带）

北极熊

欧亚红松鼠

美洲野牛

美洲短吻鳄

蜂鸟

阿拉伯骆
驼

山地大猩猩

南美锯脂鲤
（水虎鱼）

三趾树懒

鹦鹉

灌木丛林

灌木丛林遍布六大洲的各个角落，以
干旱的天气和矮小、丛生的本草植物
为特征。其环境与沙漠类似，所以生
活在这里的动物环境适应能力很强，
如蜥蜴、郊狼、长腿大野兔。

热带雨林

热带雨林是陆地上生物多样性最高的地
区，聚集着各种各样形状不同、大小各
异的动物。锯脂鲤、长尾小鹦鹉、蜂鸟、
美洲虎、树蛙和狐猴等都在这里安家，
这里的动物种类有数百万之多。

温带草原

北美洲的温带草原也叫大平原，南美洲
的温带草原叫潘帕斯（pampas，源于印
第安克丘亚语，意为"没有树木的大草
原"。——编者注），草是这里的主要植
物。由于草的营养单一，动物需要较大
的生存空间来觅食，因此这里的生物多
样性相对较低。但适应性强的动物能大
量繁殖，比如在人类到来之前，这里的
野牛数量多达 100 万头。

热带稀树草原

热带稀树草原一般位于热带雨林和沙漠之
间，天气很热，长着草、灌木和零星的树
木。这里的草很丰茂，因此生活着许多食草
动物。由于缺水，许多物种聚居在水坑附
近。在非洲草原，你能看到大象、斑马、长
颈鹿等动物挤在一起，不远处还有狮子！

动物栖息地

极地

这片长年被冰雪覆盖的地区没有植物，来自周围海域的
生物构成了这里的食物链。由于条件艰苦，冰盖上没有
大于 3 毫米的永居性动物，北极熊和南极企鹅只是这里
的访客！

我们将世界分为生态系统或生物群落，它们支持
着不同种类的生命活动。你能从地图上看到这些区域
的不同类型，也可以看到逐渐变化的趋势——从两极
的寒冷地带到赤道附近的炎热地带，中间被海洋、山
脉和其他特殊地形隔断。气候和地质条件决定着每个
地区植物的生长，植物又影响着动物的生存，决定了
动物的种群类型和数量。

帝企鹅

冻原（又称苔原）

这是一片光秃秃、没有树木的平原，气候寒冷，土地贫瘠，植物生长期非常短。这些因素制约了植物的生长，但像驯鹿这样适应了这里环境的动物，能在冰雪覆盖的地面找到苔藓和地衣作为食物。动物一般需要更丰富的生存环境来觅食，所以苔原地区的生物多样性非常低。

驯鹿

泰加林（北方针叶林）

泰加林主要由针叶树构成，是世界上最大的生物群落。由于冬天极度寒冷，泰加林里的动物数量很少，但在这里安家的动物通常活动范围很广，如棕熊和西伯利亚虎。

野猪

欧洲水獭

西伯利亚虎

温带落叶林

与更靠北的常绿泰加林不同，温带落叶林的特征是茂密的树叶会在不同季节生长和掉落，周而复始。春夏之季，万物生长，这里的生命种类很丰富，昆虫以绿叶为食，鸟类和哺乳动物又以昆虫为食，到了秋冬时节，来访的动物也随之减少。

耳廓狐

亚洲象

苏门答腊猩猩

极乐鸟

荒漠

亚热带荒漠白天炎热，夜间寒冷，降水稀少。动物必须适应性很强，才能抵御种种潜在困难。骆驼是荒漠地区体型最大的"居民"之一，旋角羚、响尾蛇、跳鼠、甲壳虫、白蚁和蝎子等小型动物也生存在荒漠中，它们都展示出动物在极端环境下顽强的生存能力。

非洲象

环尾狐猴

圣诞岛蟹

袋鼠

袋獾

蓝鲸

海洋栖息地

迄今为止，地球上最大的栖息地位于水下。从海平面到海底都是海洋栖息地的范围，其深度达到 11 千米，小到微小的浮游生物，大到巨形鲸鱼，生物种类复杂繁多。茫茫深海，浩瀚无比，许多物种至今还不为科学界所知。

城市环境

在生态区域地图上，你不会看见城市。但是地球正在飞速城市化，某种意义上，城市环境也可以看作一个生态区域。城镇气候温暖，食物丰富，还能提供庇护之所，因而老鼠、鸽子、蟑螂和松鼠等都能在这里繁衍生存。事实上，尽管很多人口繁多的地方已经被褐鼠这种喜欢生活在城里的啮齿目动物占领了，但只有加拿大的一个省开展了阻止它们增长的活动。

褐鼠

21

植物和树木

地球上的植物超过 30 万种，既有比一粒米还小的芜萍，也有高达 100 米的红杉树。树木是植物界的下属分支，特征是有树干和树枝。树木对维持大气中的氧含量至关重要。

1. 土豆
如果你把一个土豆埋在地下，地面会长出植株来，地下则会结出更多的土豆。

2. 枫树
枫树已经存在 1 亿年了，它能分泌出全世界人都喜爱的枫糖浆。

3. 槲寄生
这种植物寄生在树木或灌木的枝干上。它可以从寄生的树木上吸收水分和营养物质，获得生长。

4. 大黄
种植大黄有一个技巧：把它放在阴暗的大棚里。这种方法能让大黄生长极快，甚至能听见它们生长的声音。

5. "玩偶之眼"（类叶升麻）
这种外貌奇特的浆果对人有毒，哪怕只吃一颗都可能致死。

6. 水稻
水稻生长需要大量水分，因此农民在水田里种植水稻。水稻是世界上最重要的粮食作物之一。

7. 向日葵
为了尽可能地吸收阳光，向日葵的花盘会随着阳光转动。它的种子按照非常漂亮的数学图案排列。

8. 玉米
它们是人工种植的草本植物，是我们非常重要的食物来源。除南极洲外，其余每个大洲都种有玉米。

9. 山菠萝（露兜树）
它的根系组织生长在地面上，能起到防风的作用，主根有助于它从盐渍土里吸收营养。

10. 马尾草
马尾草既没有叶子，也没有花朵，现在的马尾草与 2.7 亿年前的一种巨型植物有着亲缘关系。

11. 竹子
为了在浓密的森林中获得阳光，竹子的生长速度极快，一天就能长高 3 米。

12. 菠萝

菠萝是草本植物，生长在簇生叶丛中而不是树上，果实三年一熟。

13. 神秘果

这种小果子特别神奇，吃过后无论你再吃什么，都会觉得甜甜的，哪怕你吃的是柠檬！真是名副其实！

14. 针叶树

这种古老的树种起源于 2.9 亿年前，迄今为止，针叶树是全世界最古老、最高的树种。

15. 捕蝇草

这种食肉性植物吸引昆虫不是为了传粉，而是为了捕食！它一般生长在贫瘠的土壤上，因此只能从昆虫甚至是小青蛙身上吸收营养！捕蝇草上长着"捕虫夹"，每个"捕虫夹"捕捉五六次虫子后枯萎死亡，随后会长出新的"捕虫夹"。

非凡的物种

　　每一个物种都不同寻常，但总有一些物种更引人注目！做好被这里展示的非凡动植物震惊的准备吧，从巨型食肉动物到超大型花朵，它们对环境的适应能力令人叹为观止！

棘蜥

研究显示，棘蜥能用皮肤喝水！它们的皮肤构造就像一个"吸管网"，皮肤吸收的水分会沿着这个"吸管网"进入它们的嘴巴。

伦敦地铁之蚊
（London underground mosquito）

这种蚊子主要生活在伦敦地铁里（你从名字就能看出来），不过，在世界各地的地铁中也能发现它们的身影。

挪威云杉

这棵云杉长在瑞典，看起来似乎没什么特别，但它的树龄已经超过 1000 年了，所以北欧维京海盗可能都见过这棵树的青年期！

寄生桡足类生物

这种寄生虫非常挑食，它只吃格陵兰睡鲨的眼角膜！

85% 的格陵兰睡鲨至少有一只眼睛失明，但这不影响它们捕食。

多毛蛙

这种生活在非洲中部的蛙的身体结构别有玄机。遇到危险时，它们能自断腿骨，并从断裂处长出锋利的"爪子"。

"自爆白蚁"

这种白蚁来自法属圭亚那，年长的蚂蚁会牺牲自己来帮助种群繁衍。当遇到危险时，这些白蚁会通过自爆的方式分泌毒液来击败敌人。

蓝鲸

这种庞大的鲸鱼每天能吃掉超过 3600 千克的食物，它拥有任何现存生物都难以匹敌的胃口！

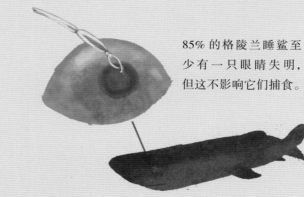

小磷虾是蓝鲸的主要食物，一只蓝鲸一天可以消化 150 万只这样的甲壳动物！蓝鲸在捕食时会同时吞入成千上万的磷虾和大量海水，之后再将海水排出。

拟态章鱼

这种自然界的顶级伪装高手至少可以模拟 15 种生物，包括蓑鲉、比目鱼、水母、海绵和海蛇。

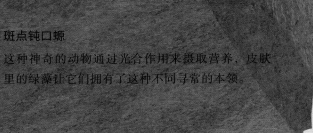

斑点钝口螈

这种神奇的动物通过光合作用来摄取营养，皮肤里的绿藻让它们拥有了这种不同寻常的本领。

大熊猫

大熊猫对它们爱吃什么非常确定：99% 的食物都是竹子！

孟加拉竹子

为了能在茂密的热带雨林中获得阳光，这种非常高的植物每天的生长速度超过 1 米。

骆驼

骆驼脚掌宽大，鼻孔能自由关闭，它对沙漠的适应性令人称奇。

霸王花

这种植物的花朵直径可达 3 米，是世界上最大的花！霸王花闻起来有一股腐肉味，在当地方言中也叫作"腐尸花"。

树形仙人掌

这种仙人掌生长得非常慢，75 年才能长出"胳膊"，但它的花期还不到一天！

非洲牛蛙

这种两栖动物非常聪明，旱季它会躲在地下休眠，形成一层黏液包裹全身以防止水分流失，直到雨季再次来临。它能一直等待数年！

潜水钟蜘蛛

它是世界上唯一的水下蜘蛛，每天浮出水面一次，身上附着的气泡为它提供了在水下时所需的氧气。

超级幸存者

能在"极端"环境中生存繁殖的生物被称作嗜极生物，它们喜欢生活在其他生物避之唯恐不及的边缘之地。有些生物非常顽强，可以忍受对大多数生命来说致命的生存环境。这一切都太神奇有趣了。

细菌

细菌是由单细胞生物组成的，只有1000纳米长（1纳米是1微米的千分之一。——编者注）。从冰川到热泉，细菌可以在各种温度下生存，甚至可以在放射性废物中生存。大多数细菌都有作用：肠道细菌能促进生成维生素，帮助人类（和动物）消化食物；豆类植物根部的细菌能吸收土壤里的氮元素，以促使植株生长。

柳叶蝇子草

这种精致的植物可能看起来并不特别耐寒，不过，它可是从32000年前的种子里长出来的，这是一个了不起的记录。一只西伯利亚松鼠曾经埋下了这些种子，但并没有找回来。寒冷冻土层保存了猛犸象骨头周边的种子和其他史前物质，直到科学家将它们挖掘出来，并设法把植物培育了出来。

苔藓以及其他南极洲植物

藻类、苔藓和地衣是南极大陆的主要植物。它们都能在极度寒冷、干旱少雨、营养贫瘠的环境下生存。苔藓附着在岩石上，以防被风吹走，并从岩石中提取水分。在南极大陆上，甚至还有两种开花植物生长得十分旺盛——发草和漆姑草。由于气候变暖，这两种植物正在慢慢地向更冷的地方迁移。

蟑螂

有些地方把蟑螂视为害虫，有些地方则把它们当作宠物。这类昆虫自恐龙时代就有了。它们能6周不进食，也能以胶水、皮革之类的东西为食。蟑螂肠道里的细菌有助于生成必需的氨基酸，即便没有天然的营养来源，生命也能正常延续。甚至，它们在没有头部的情况下也能存活一个星期，直到饿死或干死。

水熊虫

世界上的终极幸存者可能要属微小的水熊虫了。它是一种体型小于1毫米的微生物，在南极的深海和炽热的沙漠都有分布，甚至可以在真空中生存。极冷和极热的环境不会对它造成任何不良影响，它能承受的辐射强度甚至超过人类致死强度的百万倍。总而言之，它是嗜极生物的极端代表！

被忽视的地球生命

许多生物通过它们的生命活动塑造了我们所生活的地球。下面这几个物种体形很小，容易被忽视，却是地球生命中的"超级明星"。

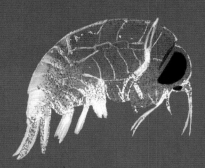

浮游生物

浮游生物体积小，数量多：最大的浮游生物还不及 1 毫米长，但是总数却十分庞大。浮游生物包括浮游植物和浮游动物。浮游植物通过光合作用从阳光中吸收能量，并为整个世界提供了约一半的氧气。这对所有生命来说都至关重要。

蜜蜂

这些小小的劳动者为我们的餐桌带来了食物。从苹果到西兰花，从洋葱到杏仁，蜜蜂给这些植物传粉，让它们结种、繁殖。如果没有蜜蜂，地球上的动物都会面临食物危机。此外，90% 以上的野花都依靠蜜蜂传播授粉，如果没有蜜蜂，地球生物的多样性将会遭遇毁灭性打击。

蝙蝠

蜜蜂不是唯一的传粉媒介！蝙蝠也是传粉的积极分子，它对种子的扩散极为重要。简单地说，整个生态系统都多亏了这种会飞的哺乳动物，很幸运地球上有足够多的蝙蝠。事实上，每 5 个哺乳动物里就有 1 个是蝙蝠，它们是地球上最成功的动物之一。

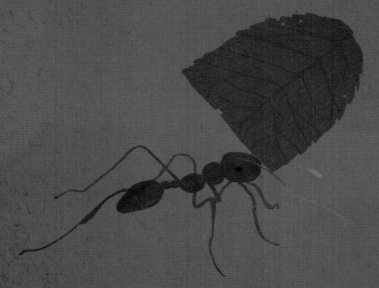

蚂蚁

人们大都认为是蚯蚓通过翻搅有机物质帮助土壤形成，同时也翻搅已有的土壤，为植物生长释放出所需的重要营养。但是蚂蚁在执行这项工作时更积极也更有效，它们是没有获得应有赞美的地球耕耘者。

真菌

真菌在大自然中扮演着分解者的角色，能将有机物分解为可重复利用的物质。正是真菌最先使植物离开海洋到陆地上生存，这些无名英雄塑造了我们今天的地球。

古生代时期（5.42—2.52 亿年前）

古生代紧跟在冥古宙（距今 46—40 亿年）、太古代（距今 40—25 亿年）和元古代（距今 25—5.42 亿年）之后，是生命大爆炸的时期。

房角石
（4.70—4.40 亿年前）

房角石长约 6 米，与早期的章鱼和乌贼有亲缘关系，也是那个时代的顶级捕食者。

三叶虫
（5.20—2.50 亿年前）

它们是最成功的物种之一，三叶虫生活在海洋中，存在超过 2.70 亿年。

巨蜻蜓
（3.00—2.60 亿年前）

这种巨型蜻蜓翼幅长达 71 厘米，比如今最大的蜻蜓还要大 4 倍以上。

布龙度蝎子
（4.20—3.60 亿年前）

布龙度蝎子长达 99 厘米，这种早期的蝎子证明巨型物种并非只能生活在天上。

异齿龙
（2.95—2.72 亿年前）

它既不是恐龙，也不是哺乳动物或爬行动物，但和这些物种都有相似之处。

翼手龙
（1.51—1.48 亿年前）

"翼手龙"是翼龙的一种，翼龙是最早能够飞行的脊椎动物。

始祖鸟
（1.51—1.48 亿年前）

这种恐龙的学名 Archaeopteryx 的意思是"古老的翼翅"，它的出现代表着恐龙向现代鸟类的过渡。

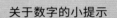

关于数字的小提示

本页呈现的数字是科学家们的"最佳估算"，尽管目前我们还不知道确切的数字，但这些估算会随着新的发现和研究而变化。

美颌龙
（1.45—1.40 亿年前）

不是所有恐龙都是巨型的，这种小脊椎动物跟鸡一样大！

白垩纪
（1.44 亿年—6500 万年前）

这个时期的气候相对温和，恐龙依然繁盛，翼龙（会飞的爬行动物）和上龙（大型海洋爬行动物）并存。但在白垩纪末期发生了生物大灭绝。

小盗龙
（1.25—1.22 亿年前）

这种恐龙体型很小，只有小黑鸟的体积那么大，却是个"小强盗"。

史前地球

尽管恐龙时代在很久以前就终结了，但你可能不知道，霸王龙时代与剑龙时代的间隔比我们现在与霸王龙时代的间隔还要长。游览史前时代的历史，你会发现，不是所有的恐龙都生活在同一个时代，事实上，它们彼此生活的时代相隔非常遥远。

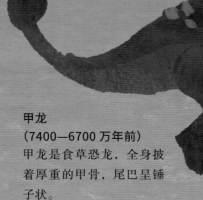

甲龙
（7400—6700 万年前）

甲龙是食草恐龙，全身披着厚重的甲骨，尾巴呈锤子状。

中生代（2.52 亿年—6500 万年前）

这是恐龙的时代，分为三个不同时期：三叠纪、侏罗纪、白垩纪。

三叠纪（2.52—2.05 亿年前）

三叠纪进化出了第一批恐龙，它们最初体型较小，在三叠纪末期逐渐发展变大。

始盗龙
（2.28—2.20 亿年前）

始盗龙体重很轻，体型较小，是动作敏捷的蜥臀目恐龙，也是地球上最原始的恐龙之一。

皮萨诺龙
（2.27—2.21 亿年前）

它是小型的原始鸟臀目恐龙，可能曾经和它的表亲始盗龙生活在一起。

板龙
（2.10—2.04 亿年前）

板龙是最早的大型恐龙之一，体长 7 米，它的学名 Plateosaurus 意为"巨型蜥蜴"。

侏罗纪
（2.05—1.44 亿年前）

这时的热带雨林十分繁茂，哺育着各种各样的生命。恐龙主宰着陆地，翼龙统领着天空，早期的哺乳动物、蜥蜴和鸟类也都在进化中。

剑龙
（1.56—1.44 亿年前）

这种著名的背上长着厚重骨质板的食草性恐龙脑袋非常小。

异特龙
（1.56—1.44 亿年前）

这种巨型恐龙体长 10 米，它的学名 Allosaurus 意为"异型的蜥蜴"。

虚幻龙
（1.54—1.45 亿年前）

虚幻龙体重超过 50 吨，是所有时代里最重的生物之一。

三角龙
（6700—6500 万年前）

三角龙很出名，它长着三个角和一个巨大的头冠。

霸王龙
（6700—6500 万年前）

霸王龙是这个时期的顶级捕食者，它是地球上迄今为止最大的食肉性动物。

大灭绝事件

地球上大约四分之三的动植物在短时期内灭绝，包括当时所有的恐龙。有理论认为：一颗巨大的小行星撞击地球后，大量地面物质进入大气，由于高密度尘埃的遮挡，太阳光无法照射到地面，光合作用停止，进而影响了整个食物链。

公元前 1 万年

在最近的一次冰期末尾，人类和许多大型哺乳动物生活在一起，这些大型哺乳动物中的绝大部分在大灭绝中消亡了。也是在这个时期，人类开始耕种，逐渐过上了定居生活。

板齿犀

这种巨型犀牛和猛犸象一样大，长着巨大的角，外形酷似独角兽。

长毛猛犸象

长毛猛犸象身披长毛，非常适应酷寒的环境。最近的研究表明，直到公元前 2500 年，一个与外界隔绝的猛犸象群体还生活在大西洋的弗兰格尔岛上。

雕齿兽

雕齿兽是现代犰狳（qiú yú）的亲戚，这种史前野兽的体型堪比小汽车！

大地懒

这种巨大的树懒站直时身高可达 4 米，超过了早期直立人。

剑齿虎

这种凶猛的捕食者重约 200 千克，长着 18 厘米长的上犬齿。

洞穴壁画

这种早期的洞穴壁画起源于 4 万年前，很多画面都描绘了动物以及狩猎的场景。图片上的洞穴壁画来自公元前 1 万年，被很好地保存下来。

"驯化"农作物

种植农作物能让人们过上更稳定的生活。最早被人类种植的农作物是葫芦、豌豆和小麦。

容器

早期的饮水容器是由葫芦、黏土甚至人的头盖骨做的！

家养山羊

人们不仅学会了如何种植农作物，还掌握了饲养动物的方法。山羊为早期的农民提供奶、羊毛和肉。

地球的不同区域

我梦见那广袤的沙漠、茂密的森林，还有无际的荒野。

——纳尔逊·曼德拉

地球的环境丰富多彩，在环游地球的旅行中，我们会邂逅浓绿茂密的热带雨林、深邃玄妙的海洋、干旱贫瘠的沙漠、冰冻严寒的极地。除了通常的环境和栖息地，我们还会看到寒冷气候下的雨林、深海里的硫磺泉、形状各异的岛屿和不在普通分类中的极端地区。

潮间带

潮间带是陆地和海洋的过渡区，涨潮时这块区域被海水覆盖，退潮时陆地会露出来。海星、螃蟹和其他甲壳纲动物都栖息在这片地带。

潮汐是如何产生的？

月球的引力吸引着海水，使其向月球方向靠拢，由此形成了满潮。

光合作用带

光合作用带是从海洋表面延伸至海平面下 200 米深的区域。这里阳光强烈，从热带到极地，水温的变化很大。

海葵和小丑鱼

海葵为小丑鱼提供了安全的栖息地，保护小丑鱼不受其他鱼类攻击，小丑鱼则是海葵捕食其他鱼类的"诱饵"。此外，小丑鱼还吃海葵消化过的残渣，帮海葵清理身体。

中层带

阳光能照进海洋的深度大约为 1000 米，这段海域是海洋分层中的第二层，经常被称为"暮色带"。

圆罩鱼

这种小鱼是地球上最普通的脊椎动物，但是除了科学界和渔业从业者外，很少有人知道它们。

奇鳍鱼

奇鳍鱼被带到海面上时呈鲜亮的红色，但由于它们生活在深达 2000 米以下的海域中，在这样的深度红色是看不见的，因此它们不易被掠食者捕获。

深层带

海洋的第三层区域从海平面下 1000 米延伸至 4000 米，由于阳光无法到达这个深度，因此这一层也被称为"午夜区"。虽然这里黑暗阴冷，生命却异常丰富多样。

吞噬鳗

恰如其名，吞噬鳗长着巨大的下颌，一次能吞噬很多条鱼。

海洋

海蜘蛛

目前已发现的一些长脚海蜘蛛，会沿着深海海床爬行。

地球上的生命起源于海洋，海洋里的生物多样性至今仍让人惊叹不已。地球的生存环境有 99% 都位于水下，但迄今为止，人们只探索了海洋的 10%，这意味着还有不计其数的物种尚未进入我们的视野，尤其是在黑暗的深海。

从最上面的 200 米到最深处的海沟，我们将海洋分为五个垂直的区域。

深渊带（abyss）

单词"abyss"的字面意思是无底洞、深渊，深渊带几乎未被人类探索过。研究表明，在相当于半个网球场大小的区域里发现有 898 个物种，其中的大部分属于新物种。

深海潜水

鸟类可以到达的深度——210 米

人类自由潜水可以到达的深度——214 米

鲸鱼可以到达的深度——2992 米

潜水器可以到达的深度——10911 米

浮游生物

这种小型的生物群体维持着整个海洋食物链。在为期两年多的塔拉海洋（Tara Oceans）探险中，大约有100万种浮游生物种类被记录下来。

海鸟

海洋还有许多来自天空的访问者，有些鸟儿能潜入水下深达60米的地方寻找它们喜爱的美食。

锤头鲨（双髻鲨）

锤头鲨的眼睛可观察360度范围，能更好地在海洋里搜寻食物，这种别具一格的头型让它成为更优秀的捕猎者！

虎鳗

这是一种生活在浅水区的凶猛海鳗，身长可达2米。

乌贼

这种八腕乌贼有三个心脏，血液是绿色的。有的乌贼能长到橄榄球那么大。

网纹猫鲨

这种小鲨鱼身长不到50厘米，浑身发绿！

剑鱼

剑鱼的游动速度很快，时速可达80千米，几乎没有哪种鱼的速度能超过这个尖嘴的捕食者。

琵琶鱼（鮟鱇）

在深海幽暗处，雌性琵琶鱼背鳍上最前面的刺就像一根钓竿，会发光来引诱猎物。待猎物靠近时，它那尖锐的牙齿便猛然将对方咬住！

大王鱿鱼和大王酸浆鱿

大王鱿鱼身长可达13米，它的堂兄弟大王酸浆鱿可达14米。很长时间以来，这些八爪鱿鱼被误认为是海怪！

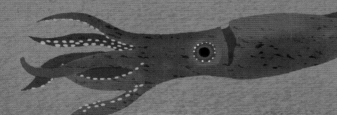

黑叉齿鱼

黑叉齿鱼的胃就像气球，这让它一次能吃下比它重10倍、长两倍的鱼类！

巨形管状蠕虫

这种蠕虫底部附着在海底岩石上，头部可以活动。在温暖的海域中，它们只需几年就能长出巨大的体型，但如果在冰冷的海域中则要花好几个世纪。

海参

海参遭遇危险时，会喷出内部器官来攻击敌人！新的胃和其他器官之后会重新长出来。

超深渊带（Hadalpelagic zone）

Hadalpelagic 这个名称来源于希腊神话中的冥界之王哈迪斯（Hades），这是本图中五个垂直分层里最深的区域，延伸至海平面下11千米的深处。全世界有46个超深渊栖息地，集中分布在由于太平洋板块挤压造成的深海沟处。

不能完全展示！

如果按本页图中的比例来垂直分层展示海洋，保持最上层不动，页面要延长到2.2米才能到达超深渊地带所在的最底层！

岛屿

岛屿至关重要，它们占据了六分之一的陆地面积，世界上有四分之一的国家是岛屿国家。如果把岛屿和小岛都计算在内的话，整个海洋、湖泊、河流里的岛屿数量将近2万个。由于岛屿与世隔绝，岛上的许多物种与陆地上同类物种的进化大不相同，达尔文在加拉帕戈斯群岛探险时就意识到了这一点。

格陵兰岛

格陵兰岛是世界上最大的岛屿，全岛85%的地区被冰雪覆盖，因此6万名居民都沿海岸面居。此外，格陵兰岛的城镇和乡村之间没有道路相连。

多姿多彩的首府——努克（Nuuk）

冰岛

冰岛位于火山频发的板块交界处，这里的地貌至今仍在不断被大自然"修饰"，间歇泉、火山和热泉都非常多。

叙尔特塞岛是冰岛南部海岸外的火山岛，于1963年一次猛烈的火山喷发后，出现在大西洋上。

法罗群岛

行走在这些位于北大西洋的岛屿上，你与海岸的距离总是不超过5千米。这里众多的悬崖备受角嘴海雀和北极海鸟的欢迎。

角嘴海雀比人还多！

金色曼蛙

这种小青蛙有黄色和红色两类，都濒临灭绝。和99%的马达加斯加青蛙一样，金色曼蛙也只存在于马达加斯加岛上。

马达加斯加

马达加斯加岛与陆地分离已经有8800万年了，在漫长的时间里，生物在这个热带海岛上沿着独特的路径不断进化。岛上超过90%的物种仅此地独有，包括狐猴、约850种兰科植物、超过100种鱼类、世界上一半的变色龙和大约300种青蛙。由于生物种类极为丰富，马达加斯加岛被誉为世界"第八大洲"。

猴面包树

猴面包树树干粗壮，在当地方言中的意思是"森林之母"。猴面包树大道位于马达加斯加岛西部，是地球上一道独一无二的风景线。

旅人蕉

这种巨大的折扇似的树冠方定名 Ravenala madagascariensis，但我们通常把它称作旅人蕉。

巨马岛鹃

巨马岛鹃是杜鹃的亲属，体型是陆地上同亲缘物种的两倍大。

七彩变色龙

如果你观察得足够仔细，就能在热带雨林的中心地区发现这种色彩斑斓的伪装大师！

基里巴斯共和国

这个太平洋群岛国家的平均海拔不足 2 米，因此海平面上升对它威胁很大。这片群岛其实是海底火山的顶部。

新加坡

新加坡是一个城市国家，它不仅通过建造摩天大楼的方式向天空延伸，还通过填海造陆的方式向外扩展。新加坡的陆地 22% 都是人工建造的！

新几内亚岛

新几内亚岛上的语言超过 850 种，是世界上语言最为多样化的地区。新几内亚岛的很多部族仍遵循着古老的传统。

索科特拉岛

索科特拉岛上生长着沙漠玫瑰、龙血树等，是众多奇异物种的家园，被称为地球上最奇幻的地方。

传统民居 　　　　空中花园：可以观光的水池

胡里族斗士

沙漠玫瑰

北

象鸟（隆鸟）

象鸟身高超过 3 米，比人类高很多，但没有飞行能力。成年象鸟大约半吨重，一个象鸟的蛋重量大约为 10 千克！一般认为这种鸟在 19 世纪由于人类的滥捕滥杀而灭绝。

兰花

全世界约有 1000 种这种娇嫩的花儿，其中有 850 种只存在于马达加斯加岛上。

狐猴

马达加斯加岛是地球上所有 50 种狐猴的家园。

雨林

简单地说，雨林就是有很多雨水和树木的地方。尽管雨林只占地球表面积的6%，却汇集了世界上超过一半的物种。雨林的面积曾经扩展到地球表面积的14%，但人类活动使超过一半的雨林被砍伐，目前幸存的雨林依旧面临着诸多威胁。

露生层

分层
从露生层到地面层，雨林可分为不同的层次。由于雨林十分浓密，一滴雨从顶部落到地面要花10分钟时间。

亚马孙热带雨林
亚马孙热带雨林横跨9个国家，是世界上最大的热带雨林。4000亿棵树为全世界提供了氧气总量的20%。它的生物多样性极其丰富，包含大约4万种植物、1300种鸟类、3000种鱼类 430种哺乳动物和250万种昆虫。你可以看到其中的一小部分：

1. 美洲角雕：世界上最大、最有力量的大雕。
2. 三趾树懒：行动非常缓慢，以至于身上能长出藻类。
3. 南美牛蛙：以吃自己的蝌蚪而出名！
4. 箭毒蛙：只有5厘米长，其毒素却能杀死10个人。
5. 卷尾猴：以水果、坚果、昆虫和青蛙为食。
6. 大蟒蛇：巨长无比，缠绕力极强。
7. 美洲虎：雨林中的顶级捕食者。
8. 水豚：世界上最大的啮齿动物，体重超过70千克。
9. 切叶蚁：堪称"小农夫"，会用叶片来种殖真菌。
10. 亚马孙猊猴：南美最大的哺乳动物之一。

刚果雨林
刚果雨林是世界第二大雨林。茂密的树木使得只有1%的阳光能照到地面。它是世界上唯一生活着全部四种大猩猩亚种山地大猩猩、西部低地大猩猩、东部低地大猩猩和克罗斯河大猩猩）的地方，也是倭黑猩猩（与人类最近的亲缘动物）的家园。另外，这里还生活着外形既像斑马又像长颈鹿的霍加狓。

树冠层

温带雨林

说到雨林，你可能不会想到日本、苏格兰和新西兰，但这些地方都是温带雨林的家园。那里树木众多，雨水繁盛。但温度比热带雨林要低。上面这幅图片里你看到的是栖息在新西兰峡湾的冠毛企鹅。对，雨林里的企鹅，千真万确！

苏门答腊雨林

用"狂野"和"生命"来描述印度尼西亚的这个岛屿再确切不过了。它是全世界唯一能一同在野外看到老虎、猩猩、大象和犀牛的地方。但由于乱砍滥伐、非法狩猎以及人口的增长，一些专家认为，如果我们不及时保护这里宝贵的生态系统，苏门答腊雨林将会在20年内消失。

林下层

灌木层

地面层

极地

信天翁

信天翁的翅膀又大又长，它可以在高空中滑翔数小时。信天翁通常以鱼类和鱿鱼为食，能喝海水。

极地位于地球两端，由于异常寒冷，物种需要具备极强的适应能力才能在这里生存。随着季节的变化，冬天南北两极会出现极夜现象，长达几个月没有一丝阳光。

北极燕鸥

北极燕鸥每年从北极飞往南极，往返行程超过8万千米，它们这种长途迁徙的本领极为罕见！

食蟹海豹

食蟹海豹非常名不副实，因为它们以磷虾而不是蟹为食！它们是最常见的海豹物种，在南极海岸周边就有数百万只。

象海豹

象海豹的体重超过4吨，和大象一样重！但叫这个名字并不是因为它和大象体重相当，而是因为它那和象鼻一样的长鼻！

企鹅

世界上共有17种企鹅，都居住在南半球，其中许多生活在南极洲附近的水域。帝企鹅是最大的种群，成年帝企鹅重达40千克，王企鹅体型略小，巴布亚企鹅的尾巴最长。

南极

帝企鹅　　　　王企鹅　　　巴布亚企鹅

南极位于地球的南端，由被南大洋环绕的南极洲构成，这里的洋面冬季会结冰。本页左侧的动物都生活在南极。

蓝鲸

蓝鲸是目前地球上最大的动物，它的舌头和一头大象一样重，心脏和一辆小汽车一样重。

驼背鲸

驼背鲸夏天在极地海域捕食，冬天则迁移到亚热带海域繁殖。

磷虾

磷虾非常小，但在海洋生物的食物链中作用非常大，它们遍布海洋的各个角落。

雪鸮

这种鸟是非常有耐心的猎手。它利用绝佳的视力和能够伪装的白色羽毛来捕捉它最爱的美味——旅鼠。

驯鹿

所有的驯鹿都有长长的鹿角，它们主要以地衣为食。驯鹿的嗅觉很敏锐，能找到埋藏在雪下的食物。它们会用蹄子不停刨地，把食物刨出来。

北极

北极位于地球的最北端，这里没有陆地，寒冷的海水上覆盖着一层厚厚的冰盖。北美洲、欧洲和亚洲的部分地区都延伸到了北极，为这里的大型哺乳动物提供了容身之地。

麝牛

这种巨大的食草动物长着两层厚厚的毛，帮助它们抵御冬季的严寒。

北极熊

尽管很多动物都惧怕北极熊，但它们捕捉猎物的成功率还不到2%！

北极狐

北极狐有超高的伪装本领。如果捕不到猎物，它会跟着北极熊，从对方的食物残堆里分一杯羹。

海象

这种温和的大个子用长长的獠牙打破冰面，从海里爬上来，在冰面上匍匐前行。

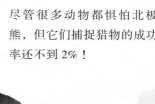

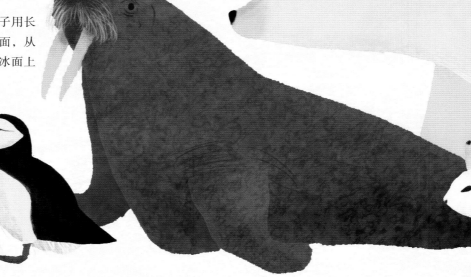

角嘴海雀

角嘴海雀的喙是橙色的，它们是出色的飞行者和捕鱼者。它们每分钟扇动翅膀的次数可达400次，每小时能飞88千米，还能潜入水下60米的深处捕食猎物。

北极野兔

北极野兔群中的兔子通常多达100只，它们聚集在一起取暖以应对极端天气。

虎鲸

虎鲸也叫杀人鲸，它们用巨大的牙齿捕杀鱼类、乌贼和海狮类动物，甚至能跃入空中去吃低空飞行的海鸟。它们几乎分布在所有海域，但在北冰洋中尤其繁盛。

一角鲸

这种神秘的鲸长着长长的獠牙，会躲避人类的观察。它们以乌贼、鱼类和虾为食，通常成群结队活动，一个鲸群中大约有10—100头一角鲸。

胡狼

胡狼与狼和狗有亲缘关系,这种动物生活在沙漠和半沙漠地区,长着一身便于伪装的浅色皮毛。

鸵鸟

迄今为止,鸵鸟是沙漠和稀树草原上体型最大、跑得最快的鸟类。与骆驼一样,鸵鸟的睫毛很长,能防止沙粒进入眼睛。

旋角羚羊

这种羚羊很少饮水,它直接从植物中获取水分。它可以在几千米外嗅到水的气息,从而知道新生的草长在什么位置。

白蚁

白蚁是动物世界的建筑大师,它建造的蚁穴能同时容纳 200 万只白蚁,通风效果堪称完美,就像安装了空调。它们每天工作 24 小时,从不休息!在非洲,白蚁蚁后一天可以产 3 万颗卵,繁殖能力如此强大,怪不得世界各地都有白蚁!

金龟子

金龟子约有 3 万种,除了沙漠,它们还分布在很多别的地区。不过,它们只在埃及享有崇高地位,因为埃及人崇拜金龟子!

跳鼠

这种小型啮齿动物从不喝水,而是直接从植物中吸收水分。就像耳廓狐一样,它的大耳朵能帮助它保持较低的体温。它跳得高、跑得快,以此来躲过捕食者的追捕。

沙漠

　　地球上约有三分之一的陆地由于降水稀少被分类为沙漠。人们对沙漠的典型印象是亚热带沙漠,但即使在撒哈拉沙漠,沙丘也只占一小部分。因为除了那些极度干旱、荒芜的地方,植被通常能够在沙漠里扎根并固定住沙子和土壤,从而防止沙堆大面积形成。在这里,生命仍能够延续,因为动物对环境的适应能力十分惊人。

多加瞪羚

虽然多加瞪羚会在找到水源时饮水，但这种沙漠适应性极强的动物也可以一生不喝水，仅仅靠摄取植物中的水分维生。

沙丘的形成

风的作用形成了沙丘。风可能在一夜之间改变沙丘的模样。最常见的沙丘类型是新月形沙丘，迎风面不断堆积沙子，背风坡则不断被侵蚀。

风向

骆驼

骆驼对环境的适应能力极强，长长的睫毛和可闭合的鼻孔能帮它抵御风沙，宽大的脚掌能防止它陷入沙中，驼峰能储存脂肪等能量。

砂鱼蜥

砂鱼其实是一种蜥蜴，能潜入松软的沙子，通过在沙丘中"游泳"保持凉爽，同时还能躲开捕食者。

沙漠巨蜥

这种动物喜欢高温。如果体温太低，它的身体机制会运转失调：行动懒散，反应迟缓。

耳廓狐

耳廓狐的耳朵超级大，能帮助它快速散热以保持身体凉爽。它的脚掌上也覆盖着细毛，防止被沙子烫伤，这让它能在缺水的情况下行走较长距离。

以色列杀人蝎

蝎如其名，这种蝎子非常危险！在所有蝎子中，它的毒液毒性最强。和沙漠巨蜥类似，它的身体也适合高温环境，如果温度过低，它遇到的问题将比沙漠巨蜥还多！

世界上的沙漠

沙漠并非仅分布在赤道附近，而是在七大洲都有分布。人们对沙漠的典型印象是高温干旱、多沙覆盖的亚热带沙漠，比如撒哈拉沙漠，但这只是四种主要沙漠类型中的一种。

亚热带沙漠
凉爽的沿海沙漠
寒冷的冬季荒漠
极地荒漠

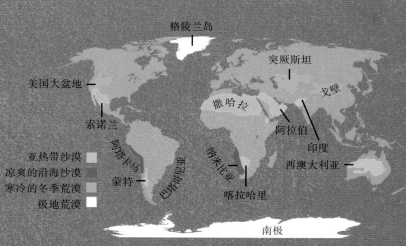

格陵兰岛

美国大盆地

突厥斯坦

戈壁

撒哈拉

阿拉伯

印度

索诺兰

阿塔卡马

纳米比亚

西澳大利亚

蒙特

巴塔哥尼亚

喀拉哈里

南极

地球上的极端之地

这些地区远非人类的宜居之地，但有些却创造了世界纪录。它们是地球上的极端之地：最高、最低、最热、最冷。很快你会发现，一个寒冷的地方竟是创造世界纪录的"热点"。

珠穆朗玛峰

珠穆朗玛峰海拔 8848 米，是地球上海拔最高的山峰。但是它不是世界上从山脚到山顶最高的山峰，也不是距离地心最远的点。

钦博拉索山

它是厄瓜多尔山脉的最高峰，离地心的距离比珠穆朗玛峰与地心之间的距离还要远！这是因为地球在赤道处有微微的隆起，钦博拉索山就位于这样的隆起处。但尽管如此，珠穆朗玛峰的海拔仍然要比钦博拉索山高 2000 米。（海拔是指地面某个地点高出海平面的垂直距离。——编者注）

最低温度纪录

1983 年，南极东方站测得零下 89.2℃的低温。现代卫星数据显示，这里周围山脉的温度还要更低一些。

最高温度纪录

在 1913 年的夏季，福尼斯·克里克在美国死亡谷记录了有史以来的最高气温：56.7℃。

海平面

最干旱的地方

南极洲的麦克默多干旱峡谷很可能 1400 万年没下过雨了，尽管有时会从周围的山上吹来一些雪。由于极度缺水，这里基本上没有生命存活。

最湿润的地方

位于印度北部梅加亚斯邦的玛坞西卢村，每年降水量超过 12 米，是世界上最潮湿的地方。

乔戈里峰

乔戈里峰的海拔为 8611 米，是世界第二高峰。它坐落于巴基斯坦和中国的边境线上，攀登难度极高。

冈卡本孙峰

冈本卡孙峰海拔 7570 米，位于不丹王国境内，是世界上最高的未经攀登的山脉。不丹政府明令禁止人们攀登，他们认为山脉是神灵居住的地方，因此这座山未来可能也没有人攀登。

最高的瀑布

委内瑞拉的安赫尔瀑布总落差达 979 米，是尼亚加拉瀑布高度的 15 倍。水从瀑布顶部落到底部需要 14 秒。

最大、最古老、最深的湖泊

西伯利亚的贝加尔湖容纳着地球上五分之一的淡水，它的面积比一些海都要大！世界上仅有的淡水海豹生活在这里，这使贝加尔湖成为一片非比寻常的水域。

乞力马扎罗山

乞力马扎罗山是非洲的最高峰，也是世界上最高的独立式山脉，这意味着它不属于某个山系。它的海拔为 5895 米。

冒纳凯阿火山

从海底到山顶，这座古老的夏威夷火山的高度为 10204 米，是迄今为止地球上最高的山峰。但它在海平面上的高度不及珠穆朗玛峰，因为它几乎 60% 的山体都淹没在海里。

最深的天然洞

太平洋中的马里亚纳海沟深达 11 千米。但即便是如此深的海沟，微生物也能在黑暗寒冷的海水中繁殖生存。

生物多样性最丰富之地

热带雨林拥有最丰富的生物多样性。目前有两个地区的生物多样性不相上下，分别是巴西的亚马孙热带雨林和巴拿马的热带雨林。由于许多物种仍未被发现，现在还很难确定它们谁是第一名！

生物多样性最低之地

这个"冠军"头衔非南极莫属。在这片寒冷的大洲，最大的永久居民是小小的水熊虫。除了南极，世界上任何地方都不需要拿显微镜去观察那里的最大生物。

43

超自然环境

生命的适应性很强，可以在一些十分恶劣、
难以想象的环境里生存繁衍……

高地

喜马拉雅山脉的跳蜘蛛生活在海拔超过 6700 米的地方，比任何物种的居住地都要高。由于海拔过高，它没有能捕猎的对象。幸运的是，风会将冰冻的昆虫吹到山上供它食用。

炎热

黄石公园的热泉里生活着一种古细菌，它们是最基本的生命形式之一。不过，人们对它们的认知很有限，直到 20 世纪 70 年代它们才被定义为一种生命形式。它们能在极端高温下生存，人们认为在地球原生阶段，它们曾十分繁盛。

干旱

死亡谷是地球上最热的地方之一，看起来并不适合鱼类生存。不过，这里曾经是一个巨大的湖泊，现在还有一小部分魔鳉顽强生存在岩石裂缝间的水洼中。

深处

人们在深达 3 千米的矿井里发现了耐寒的线虫。水、地热、压力、黑暗、营养匮乏，在这样的地方生存真是令人印象深刻！

暗处

众所周知，在食物链的起点，生命需要光来进行光合作用。但是在一些海底深洞里的生态系统中，生命则靠化学合成作用从地球矿物质中直接提取营养，癣菌是其中最常见的生命形式之一。

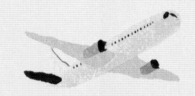

人类星球

我们不是从祖先那里继承了地球，而是从子孙那里借用了它。

——美洲土著谚语

  人类是唯一遍布地球各个角落的大型陆生动物，也是唯一驯化了其他动植物的种群。在这个过程中，我们很大程度上改变了地球的原貌。如今的地球，无疑已经具有了人类的维度。接下来，让我们一起去探索人类的迁徙史、城镇的变迁史、世界文明奇观和地球各个角落的不同文化，然后停下来，思考地球面临的威胁，以及我们能为创造可持续发展的未来做些什么。

1200

40000

25000

100000

70000

人类的起源

智人最先在非洲进化，在这片大陆上生存繁衍大约 10 万年后，冒险去到世界的其他地方。

200000

1500

50000

人亚科的世界

这张地图说明直立人曾生活在非洲、亚洲和欧洲地区。人们在欧洲、中东和西亚等地发现了尼安德特人的残骸。智人几乎曾将殖民地开拓到地球上所有的地方，这张地图上黄色箭头旁的数字表示现代人在多少年前到达该区域。

人类的故事

　　在我们之前，人类有很多祖先生活在地球上。人和类人统称为人亚科。人亚科的最早一支是南方古猿，在 200 万年前已经绝迹。能人（Homo habilis）是人种中最早的种群，直立人（Homo erectus）则有了巨大的进步和发展。尼安德特人直到相对近代才消失。还有我们所属的种群智人（Homo sapiens），已有 20 多万年的历史。

尼安德特人

这个肌肉发达的种群大约 3 万年前灭绝。他们曾和智人一起繁衍了人类的祖先，给人类的免疫系统带来飞跃式的进步。

直立人

直立人是人亚科下一个很成功的分支，诞生于 180 万年前，他们能使用工具、技术并能栽培作物，以此来捕猎与采集食物。

智人

现代人是唯一存活下来的人亚科种群，大约在 20 万年前完成进化。通过和其他种群的互动，我们对地球产生了很大的影响。

15000

4500

12000

农民

人们在 1 万年前学会了种植庄稼和饲养牲畜，不再依赖觅食和捕猎。

市民

现在大多数人生活在城镇，也就是人类建造的密度很大的城市里。与农业相比，城市环境或许更进一步改变了我们所认识的地球。

世界改变者

科学家们指出，人类给地球造成的影响太大了，以至于我们已经进入了一个新的地理分期：人类世。当未来的人们挖掘地球时，会发现其化学构成有一个标志着人类进入工业时代的转变。我们加工制造的化学物质和原材料，以及核技术的痕迹，都在地壳中留下了永久的印记。

30000

11000

永远的拓殖者

我们对新大陆的探索仍在继续。20 世纪 50 年代，人类在南极洲驻扎，建立营地进行科考。1971 年，人类发射了第一个空间考察站。下一站，我们要去哪里呢？

11000

1500

南极居民

很多书上说，南极没有永久性居民，但现在已经有两个乡村了：拉艾斯特拉斯别墅酒店和埃斯佩兰萨基地。此外还有许多科学家们常驻的科考站。夏季这里的人口超过 4000 人，冬天也有 1000 人。迄今已有 11 个人在这个据称荒无人烟的大洲出生！

70

人口数量以 10 亿为单位

飞速增长

在过去的 100 年里，人口增长很快，预计未来仍将高速增长。

10
2040 年估计数量
9
2024 年估计数量
8
2011
7
1999
6
1987
5
1974
1960
4
3
1927
2
1800
1

0 100 250 400 550 850 1000 1150 1300 1450 1600 1750 1900 2050

年

人类大观

世界上有 200 多个国家，7000 多种语言，成千上万个部落、宗族和氏族，人类文化的丰富多样令人惊叹。下面我们一起欣赏来自世界各地不同寻常的部落，特别是那些延续了古老传统的部族。

格陵兰人

格陵兰人的居住地被白雪覆盖，但他们的文化多姿多彩，这也体现在他们的民族服装上，即一种用厚羊毛制成的格陵兰长衣（"岛服"）。

澳大利亚土著

澳大利亚的土著部落超过 500 个，他们都爱讲故事，崇拜大自然，有自己的信仰体系，这让他们能与大自然和谐相处。

阿萨罗泥人，巴布亚新几内亚

传说阿萨罗的战士会戴着吓人的黏土面具，在夜晚袭击附近的村庄。光看他们的打扮，会让人误以为来自恶魔的世界。

藏族

藏族人住在高海拔地区，一般穿厚重的藏袍来御寒。那里的人死后会将尸体留给秃鹫，进行"天葬"！

马赛人，肯尼亚和坦桑尼亚

马赛人把牛和孩子都看作他们的财富，数量越多越好！如果年轻人想成为一个战士，必须用长矛杀死一头狮子来证明自己。这也许是世界上最难的"成年礼"。

涅涅茨人，俄罗斯北部

放牧驯鹿的涅涅茨人生活在俄罗斯亚马尔半岛。"亚马尔"（Yamal）在他们的语言里指"土地的尽头"，亚马尔半岛位于俄罗斯北部边缘，深入北极圈。这里的牧民与驯鹿相伴而生，他们有一句谚语："驯鹿是我们的家、我们的食物、我们的保暖用品和我们的交通工具。"

图阿雷格人，北非

在人们的记忆中，图阿雷格人长期在撒哈拉中过着游牧生活。现在，他们依然过着半游牧生活，带着骆驼和牲畜穿过荒野。他们最与众不同的地方是：男人要戴面纱而女人不用遮脸。

《世界人权宣言》

无论长相如何、居住在哪儿，人就是人。联合国在1948年发布了重要的人权宣言，以保证每一个人类家庭中的成员获得自由、正义与和平。它的第一条是："人人生而自由，在尊严和权利上一律平等。"

多贡人，马里共和国

这些西非人有一个节日叫高跷舞蹈节，舞者模仿一种长腿水鸟的优美动作，在人群上空完成复杂的表演。

哈萨克鹰猎人，蒙古

在蒙古西部，少数哈萨克人延续了几百年的传统，他们通过骑马和训练金雕来捕猎狐狸和野兔。这种人与鹰之间的狩猎伙伴关系会维持一生。

克扬族，缅甸

按照传统，生活在东南亚地区的缅甸克扬族妇女要在脖子上套上铜圈。随着时间过去，她们的肩膀会慢慢收缩，脖子会变得很长，难怪她们被戏称为"长颈人"。

胡里人，巴布亚新几内亚

巴布亚新几内亚的部落超过850个，但胡里人多彩奇特的装束让他们成了部落间"吟歌大典"（sing sings）的明星。

穆尔西人，埃塞俄比亚

这个部落的年轻女人流行在牙齿和下唇间切一个口子，将泥土烧制的盘子放入其中。穆尔西女人的嘴里能放下直径达12厘米大的盘子！

瑟德利·马威人，亚马孙

部落中的男孩如果想要成长为真正的男人，需要通过一个痛苦的考验：必须将手放进布满子弹蚁的手套里。这种蚂蚁长着昆虫世界里最毒的刺，参加这种考验的人有时会痛苦好几天。

相扑选手，日本

这是一种特殊的摔跤方式，在日本已经流传了好几个世纪。高大、强壮的选手要经受多年的训练来掌握88种技术，但一个回合往往只用7秒！现在，相扑参赛者来自世界各地，夏威夷、蒙古和欧洲摔跤选手都不少见！

桑提内尔人，印度

他们居住在偏远的岛上，拒绝与外界接触。一次飓风过后，当一架直升机被派往灾区查看他们的情况时，部落人用弓箭来攻击这个可疑的飞行机器。

超级城市

2008 年，世界上的城镇人口首次超过乡村人口。随着人口增长，城市不断向外和向上扩张，越来越多的人被这里的文化、金融、工作机会和娱乐所吸引。

没有两个城市完全一样。让我们一起来走马观花地游览一下六大洲上这些最有代表性的城市吧。你最喜欢哪个城市？为什么呢？

伦敦

伦敦新旧交融，历史悠久的大本钟和伦敦塔桥与现代化的碎片大厦、小黄瓜（金融城）比肩而立。现任英国女王伊丽莎白二世是伦敦最著名的人物之一，她居住在白金汉宫。

纽约

自由女神像自 1886 年起就对纽约的新来者表示问候，这里也是世界上最多元的地方。对旅行者来说，纽约有很多亮点，包括帝国大厦、曼哈顿的摩天大楼、中央公园、时代广场和麦迪逊广场花园。

巴黎

巴黎拥有奇妙的建筑、丰富的文化和名不虚传的美食，怪不得巴黎是世界上最重要和游客最多的城市之一。

开罗

开罗是埃及的首都，浩荡的尼罗河从这座历史辉煌的城市流过。吉萨金字塔就位于开罗郊外。今天的旅行者还会看到一个奇观：这座如今有 200 万车辆通行的城市，原本是为骆驼运输设计的！

东京

无论怎么衡量，东京都是地球上最大的城市。它的中心地带十分繁华，郊区延伸到周围的平原。这里的地铁非常拥挤，所以有专人负责把乘客推进车厢。夜里，城市的霓虹灯璀璨夺目。春天又有另一场视觉盛宴：樱花盛开，美不胜收。在日本，人们赏花有一个专用的词语：花见（Hanami）。

悉尼

澳大利亚人口总量的 20% 居住在这座沿海城市中。悉尼海港大桥自 1932 年建成起屹立至今。标志性建筑悉尼歌剧院建成于 1973 年，耗时 14 年才正式竣工，共有约 1 万人投身于建设这一举世闻名的建筑。

伊斯坦布尔

它是土耳其最大的城市，位于欧洲和亚洲的交汇处。从光塔到浴池，从街道到建筑，这里生动地展现了东西方文化的结合。当地人和游客既会被蓝色清真寺的美丽所打动，也能因大巴扎集市的繁华喧嚣而震撼。

里约热内卢

这座大西洋海岸的巴西城市是南半球最受游客欢迎的旅游圣地。它举世闻名，不仅是因为这里的基督像，还因为盛大的狂欢节。2016 年，世界各地的人们汇聚到这里，观看第 31 届夏季奥林匹克运动会。这句标语能概括出这座城市的精神——"绽放你的激情"。

香港

香港的摩天大楼比世界上任何一座城市都要多两倍以上。其中一座摩天大楼上有一个"孔洞"，据说是为了让龙能顺利穿过！香港在本地语言粤语中的意思是"芳香的港口"。

玛斯达尔

规划中的玛斯达尔是一座可持续发展、自给自足的生态城市，位于茫茫的阿布扎比沙漠中。如今，建设计划已经搁浅，这座"未来之城"是否已成为过去？

国家和大洲

海岸线之王

加拿大是世界上拥有海岸线最长的国家，这得益于它广阔的国土面积和众多的岛屿。

联邦国家

美国由华盛顿哥伦比亚特区和50个州组成，它有独特的政治结构。

北美洲

面积：2440万平方千米

人口：5亿

从冰冷的北极延伸到热带的加勒比海，这片大陆包含了23个国家，拥有尼亚加拉瀑布、自由女神像和奇琴伊察玛雅城邦遗址等奇观。

小国家

下面这些小国家大部分实在太小了，以至于在地图上很难找到：

1. 梵蒂冈 0.44 平方千米
2. 摩纳哥 2.02 平方千米
3. 瑙鲁共和国 21 平方千米
4. 图瓦卢 26 平方千米
5. 圣马力诺共和国 61 平方千米
6. 列支敦士登公国 160 平方千米
7. 马绍尔群岛 181 平方千米
8. 圣基茨和尼维斯联邦 261 平方千米
9. 马尔代夫 300 平方千米
10. 马耳他共和国 316 平方千米

南美洲

面积：1780万平方千米

人口：4亿

从地理上来看，巴西几乎占了南美洲一半的面积，是南美洲的主要国家。但其他小国家也很重要，是旅游的热门地区，也是文化和工业的发达地带。南美洲是安第斯山脉和亚马孙热带雨林的故乡。

欧洲

面积：1002万平方千米

人口：7亿

欧洲面积虽小，但影响力很大。欧洲拥有约50个国家，其中一半以上都属于欧盟，它们通过这个组织来提升成员国之间的贸易往来和互信合作。

巴西

除了厄瓜多尔和智利，巴西和南美洲其他国家都接壤。

非洲

面积：3040万平方千米

人口：10亿

从北部的突尼斯共和国到南部的南非，非洲有54个国家。这片大陆包括沙漠、热带雨林、丛林、稀树草原和平原等多种自然环境。

长长的陆地

智利的国土形状与众不同，它非常长，也非常狭窄。它从北到南进行分区，直接以1到12的数字进行编号。

南极洲

面积：1370万平方千米

人口：4000人

格陵兰（丹麦）

阿拉斯加（美国）

加拿大

美国

墨西哥

古巴

巴哈马

伯利兹

牙买加

海地

多米尼加共和国

圣基茨与尼维斯联邦

安提瓜和巴布达

圣卢西亚

圣文森特和格林纳丁斯

多米尼克国

巴巴多斯

格林纳达

特立尼达和多巴哥

危地马拉

萨尔瓦多

洪都拉斯

尼加拉瓜

哥斯达黎加

巴拿马

委内瑞拉

哥伦比亚

厄瓜多尔

秘鲁

玻利维亚

圭亚那

苏里南

法属圭亚那

巴拉圭

智利

乌拉圭

阿根廷

冰岛

爱尔兰

法国

西班牙

葡萄牙

阿尔及利亚

毛里塔尼亚

马里

尼日尔

赤道几内亚

圣多美和普林西比

冈比亚

几内亚比绍

塞拉利昂

大西洋

太平洋

南冰洋

52

人们通常将世界划分为七大洲（主要的大陆）和大约 200 个国家（独立国家），以便于观察和探索。但是也有人认为，南北美洲合起来是一个大洲，亚欧大陆甚至欧亚非大陆是一个巨大的大洲！

北 冰 洋

俄罗斯

俄罗斯自东向西绵延 9000 多千米，横跨九个时区。俄罗斯是目前世界上最大的国家。

哈萨克斯坦

蒙古

土耳其

乌兹别克斯坦

吉尔吉斯斯坦

土库曼斯坦

塔吉克斯坦

伊朗

阿富汗

中国

中国大约有 14 亿人口，占世界总人口的近 20%。

朝鲜

韩国

日本

伊拉克共和国

科威特

巴基斯坦

尼泊尔

不丹

沙特阿拉伯

巴林

卡塔尔

阿拉伯联合酋长国

阿曼

也门

印度

缅甸

老挝

泰国

埃及

越南

柬埔寨

菲律宾

太 平 洋

亚洲

面积：4380 万平方千米

人口：42 亿

迄今为止，亚洲是世界上最大的大洲，世界上超过一半的人口生活在这里。中国和印度是世界上仅有的两个人口超过 10 亿的大国，不过，在亚洲的西伯利亚、中亚和阿拉伯半岛有着大片的人迹罕至之地。

世界的尽头

岛屿国家基里巴斯共和国位于赤道与国际日期变更线交叉点上，跨越东西南北四个半球。

苏丹

吉布提

斯里兰卡

马尔代夫

新国家

南苏丹在 2011 年宣布从苏丹独立，成为一个新的国家。

马来西亚

新加坡

文莱

马绍尔群岛

密克罗尼西亚

帕劳

瑙鲁共和国

基里巴斯共和国

埃塞俄比亚

南苏丹

乌干达

肯尼亚

索马里

乐土

不丹王国位于人口超过 10 亿的两个大国之间，信奉快乐比金钱更重要。

印度尼西亚

巴布亚新几内亚

所罗门群岛

图瓦卢

萨摩亚群岛

坦桑尼亚

塞舌尔

科摩罗

毛里求斯

瓦努阿图

斐济群岛

印 度 洋

东帝汶

马达加斯加

澳大利亚

这个庞大的国家几乎覆盖了整个大陆！

汤加王国

山丘之王

姆斯瓦蒂三世统治着美丽的多山国家斯威士兰，他是非洲仅有的两个国王中的一个。

新西兰

南 冰 洋

这片寒冷的大陆是唯一没有划分国家的大洲。保护自然，禁止污染，守护地球最后一块未被破坏的土地的安宁，是国际共识。

南 极 洲

大洋洲

面积：853 万平方千米

人口：380 万

许多太平洋上的岛屿不在构造板块上，它们是古代或现代火山的顶端。在地理上，这些岛屿通常与澳大利亚大陆合并在一起，组成七大洲中最小的大洋洲。

53

有影响力的地球人

在地球上生活过的人类超过 1000 亿，每个人都有迷人而独特的故事。大多数人的性格只影响到他们的家人和朋友，但少数人对我们整个人类的影响巨大——在某些情况下，他们改变了我们所认识的世界。

1. 蒂姆·伯纳斯·李 1989 年他发明了万维网。如今，网络几乎将全世界一半的人联系在了一起。

2. 海华沙 他是有史以来最伟大的和平缔造者之一，这位传奇的印第安人领袖结束了北美大平原上的战争。

3. 露西 她是我们迄今发现的最早的人类祖先。她的名字在阿姆哈拉语（埃塞俄比亚官方语言）中叫作"Dinkinesh"，意为"你真了不起"。

4. 孔子 中国哲学家。他的道德准则影响了 10 亿多人。

5. 尤里·加加林 1961 年，他乘坐飞船绕地球飞行一周，成为第一个进入太空的地球人。

6. 莱卡犬 1967 年，这条狗成为第一只进入太空的动物。

7. 亚里士多德 他推动了自己研究的所有人类知识领域的发展，被誉为百科全书式的哲学家。

8. 克利奥帕特拉 她是最后一位活跃的埃及法老，是历史上最伟大的领袖之一，也是强大的埃及文明的缔造者。

9. 纳尔逊·曼德拉 因提倡人类平等而获得诺贝尔和平奖。他被关在监狱里长达 27 年，却始终坚守自己的信仰。

10. 艾萨克·牛顿 他发现了万有引力和许多物理定律，是有史以来最伟大的科学家之一。

11. 阿尔伯特·爱因斯坦 他获得了诺贝尔物理学奖，所创立的相对论改变了我们对宇宙的认知和理解。

12. 亚伯拉罕·林肯 美国总统。他在美国内战期间废除了黑奴制，并阻止了国家的分裂。

13. 特蕾莎修女 她有坚定不移的信仰，致力于帮助那些比她不幸的人，她被称为加尔各答的真福特蕾莎修女（Blessed Teresa of Calcutta）。

14. 尼古拉·哥白尼 他提倡"日心说"，反对"地心说"，改变了人们对宇宙的认识。

15. 莱特兄弟 他们是航空先驱者，成功完成了世界上第一次飞行，为如今"机来机往"的天空开了先河。

16. 亨利·福特 他开发了一种高效的工厂流水线工艺。20 世纪 20 年代，世界上超过一半的汽车都是福特公司生产的 T 型车。

17. 玛丽·安德森　她发明了挡风玻璃雨刷。这是一个简单但重要的装置，目前在全球超过 12 亿辆汽车上都能看到这种装置。

18. 安妮·弗兰克　一个鼓舞人心的女孩。她用日记记录了自己在大屠杀期间东躲西藏的生活，这本日记是人类精神力量的见证。

19. 查尔斯·罗伯特·达尔文　他发展完善了进化论，改变了人类对自己与其他生物之间关系的认识。

20. 西蒙·玻利瓦尔　他帮助六个国家获得独立，人们以他的名字命名了"玻利瓦尔共和国"（后改称为玻利维亚共和国），他在南美洲有巨大影响。

21. 阿基米德　他是有史以来最伟大的数学家之一，指引我们通过数学原理认识世界。

22. 海莉耶塔·拉克斯　这位美国妇女是一个医学奇迹，她的癌细胞分裂能力极强，科学家利用她"长生不死"的细胞研制了许多现代药物。

23. 玛丽·居里　她是一位开创先河的科学家，其研究释放出了原子内部的能量，帮助人类攻克了早期癌症的治疗。

24. 弗洛伦斯·南丁格尔　现代护理的创始人。她的护理方式让医院变得更干净、更安全，并有效地挽救了数以百万计的生命。

25. 马丁·路德·金　他认为人人生而平等，并采取对话和外交手段，为种族平等的梦想奋斗。

26. 罗伯特·路易斯·史蒂文森　他是《金银岛》的作者。他曾在萨摩亚群岛帮助麻风病人，把自己的人生过成了真实的冒险故事。

27. J. K. 罗琳　她的《哈利·波特》受到一代人的喜爱，其销量仅次于《圣经》和毛泽东的作品。

28. 列奥纳多·达·芬奇　《蒙娜丽莎》是他的杰作。他还绘制了直升机的草图，这种远见超越了当时的技术。

29. 托马斯·爱迪生　他制造出第一个经济实用的灯泡，为数十亿人带来了电力照明。

30. 成吉思汗　生活在 13 世纪，他靠战马征服了世界上最大的亚欧大陆。

31. 罗尔德·阿蒙森　他是第一个到达南极的人，也是第一个同时到过南北两极的人——这可是地球探险家们的终极目标！

世界奇迹

大自然中充满奇迹，但人类也创造了一些不可思议的建筑。和建造宏伟的建筑相比，人类似乎更擅长总结和列名单，难怪我们常听到古代世界七大奇迹和世界新七大奇迹这样的说法。让我们去看看这14个世界奇迹，同时，也去看看那些因为被忽略而"榜上无名"的奇迹吧。

古代世界七大奇迹

一位名叫安提帕特的希腊诗人在公元前2世纪列出了"世界七大奇迹"名单。这个名单是为富裕的希腊人提供的旅行指南，这些奇迹建筑集中在古希腊人熟知的地中海地区。

吉萨大金字塔（胡夫金字塔）

地点：埃及　　建造时间：约公元前2560年

胡夫金字塔是埃及现存规模最大的金字塔。它的工程技术十分先进，工艺很精湛，是古代世界七大奇迹中唯一留存至今的建筑。

巴比伦空中花园

地点：伊拉克

建造时间：约公元前600年

它是世界七大奇迹中最神秘的一个，由于没有找到与描述相符的遗迹，没人能确定这个奇异的多层花园是否真正存在过。

阿尔忒弥斯神庙

地点：土耳其

建造时间：初建于公元前8世纪

希腊诗人安提帕特曾说，这座富丽堂皇的希腊神庙是七大奇迹中最好的一个。这真是至高的评价！

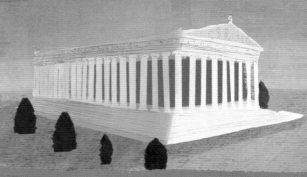

亚历山大灯塔

地点：埃及　　建造时间：约公元前280年

这座美丽的灯塔是当时世界上最高的建筑之一，灯塔上有一句题词：

"ΘΕΟΙΣΣΩΤΕΡΣΙΝΥΠΕΡΤΩΝΠΛΩΙΖΟΜΕΝΩΝ"，

意为"献给众神，愿他们保护在海上航行的勇士"。

罗德岛太阳神巨像

地点：希腊

建造时间：公元前280年

这座太阳神赫利俄斯的巨石雕像位于希腊，高达30米，它是自由女神像的灵感来源。

奥林匹亚宙斯巨像

地点：希腊

建造时间：约公元前435年

一位名叫菲迪亚斯的雕塑家花了大约12年雕刻这座巨像，用来纪念希腊众神之王：宙斯。雕像饰以黄金、乌木、象牙和珍贵的宝石。其所在的宙斯神殿位于奥林匹亚，这里是当时人们每隔四年举办一次奥林匹克运动会的地方。

哈利卡纳苏斯的摩索拉斯陵墓

地点：土耳其

建造时间：公元前350年

摩索拉斯国王于公元前353年去世后，他的王后阿提米西亚伤心欲绝，决定为他建造世界上前所未有的、最壮观的陵墓。它的确非同凡响，以至于摩索拉斯的名字今天成为一个单词"Mausoleum"，专指大型复杂的陵墓。

世界新七大奇迹

2007 年，世界各地政府投票选出世界新七大奇迹的名单，胡夫金字塔也被列为荣誉候选者。所以理论上"世界新七大奇迹"名单实际包含了八个奇迹！

中国长城

地点：中国

建造时间：始建于公元前 7 世纪

这个令人难以置信的防御工事系统绵延 2 万千米，是有史以来世界上最大的建筑工程之一。

佩特拉古城

地点：约旦

建造时间：始建于公元前 5 世纪

佩特拉在波斯语里意为"石头"，这座古城是在红砂岩上雕刻而成的。古城核心的哈兹纳赫殿堂名为"金库"，是建筑的典范。

古罗马圆形斗兽场

地点：罗马

建造时间：公元 80 年

这个巨型运动场能容纳 8 万人观看战车比赛或角斗士斗兽表演。最令人惊讶的是，门票免费！

奇琴伊察古城遗址（玛雅文化遗址）

地点：墨西哥

建造时间：公元 600 年

卡斯蒂略金字塔是古代玛雅城最引人注目的地方。此外还有一些很有意思的遗迹，如武士神庙和骷髅墙。

泰姬陵

地点：印度

建造时间：公元 1653 年

泰姬陵在波斯语中的意思是"宫殿中的皇冠"。这个令人称奇的建筑是莫卧儿皇帝沙贾汗为他心爱的妻子穆塔兹·马哈尔修建的陵墓。

救世基督像

地点：里约热内卢

建造时间：公元 1931 年

由雕塑家保罗·兰多斯基建造的这座基督像位于里约热内卢市的科尔科瓦多山顶。雕像高达 30 米，重 635 吨——比 200 头大象还重！

马丘比丘（印加遗址）

地点：秘鲁

建造时间：约公元 1450 年

这座标志性的印加建筑遗址坐落在安第斯山脉的高处，其中有着令人惊叹的太阳庙。

第八大奇迹？

当然，世界上远不止有七大奇迹，人们总会对一些无与伦比的建筑进行争论和比较！让我们来看看这些竞争者们，谁有望成为新的"第八大奇迹"呢？

布达拉宫　　地点：西藏　　建造时间：公元 1645 年

这座佛教寺庙坐落在壮观的山顶上。它共有 1000 个房间，1 万个圣坛和 20 万尊雕像。

复活节岛巨人石像

拉帕努伊人的祖先将这些巨大的石像视为保护神。目前已知的摩艾石像有 887 尊，最重的一尊达 86 吨。

地点：复活节岛

建造时间：约公元 1000–1500 年

吴哥窟　　地点：柬埔寨　　建造时间：公元 12 世纪

这是世界上最大的庙宇，原来是印度教庙宇，后来渐渐变成了佛教庙宇。

还有别的奇迹吗？

到底还应该把哪些建筑囊括进来，人们有很多建议，从英国的史前巨石柱到美国的帝国大厦，从麦加的大清真寺到迪拜的棕榈岛……这些名单里，既有自然奇迹，也有陆地奇观，还有工程奇迹，等等。你会怎么选择？又为什么这样选呢？

地球面临的威胁

迄今为止，地球已经度过了其自然生命的一半。大约 50 亿年后，太阳将会变成一颗红巨星，迅速膨胀，继而吞没太阳系所有行星，最后坍塌成一颗密度极大的白矮星。不过，今天地球上的人类已面临着许多更直接的威胁，如果我们不能照顾好自己，保护好这个脆弱的世界，人类在地球上的存在可能会更早终结。

气候变化

剧烈的气候变化可能会使地球上绝大多数的物种灭绝，改变我们已知的星球结构。随着气温升高，极地冰盖会融化，全世界海平面上升，陆地面积随之减小。臭氧层出现的空洞会加速这一毁灭性的进程。

> 气候变化是非常严峻的问题，亟待解决，应视为极其重要的优先事项。
>
> ——比尔·盖茨

机器的崛起

计算机已经在围棋领域打败了人类，它们正在日益变强。这可能是危险的——我们该如何控制超级人工智能呢？

威胁也可能来自微观方面。人们研发了"纳米机器人"用来治疗疾病或清除浮油，未来这些能大量自我复制的机器可以提高我们的工作效率，但是它们也有可能叛逃，然后主宰地球。

> 人工智能的发展可能导致人类灭绝。
>
> ——史蒂芬·霍金

流行病（超级病毒）

一些病毒的致死率惊人，并且对现代药物有耐药性。在植物世界，小麦若感染了名为 Ug99 的真菌，必死无疑，人们至今尚未研制出治疗的办法。超级病毒的交叉品种对大多数生命都构成了严重的威胁。近年来，研究者和医生已能对抗大多数的病毒威胁，也有望研制出药物和治疗方法。

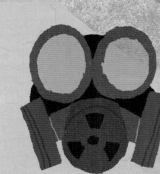

> 在流行病面前，所有的人类都面临巨大的威胁。
>
> ——陈冯富珍

人类的希望

现实并非黯淡无光！人类的生存历史已经超过 10 万年，如果好好呵护地球，我们很可能还能持续生存数百万年。通过重复利用、循环使用资源和减少浪费，利用清洁、绿色的能源，建立可持续发展的当地食物供给链，我们就能更大程度地增加生存的可能性。我们也需要全球性合作，充分发挥人类的能力来建设地球而非毁灭地球。未来就在我们手中！

生物多样性流失

生物多样性意味着生命数量的多种多样。我们的星球上目前有很多物种，因此可以称之为生物多元化。然而，自从人类定居以来，物种灭绝率飞速增长。生物多样性的流失可能会造成地球生态系统的极度不平衡，从而使大多数物种失去宜居的栖息地。

我们真正在意的是生物多样性的广度，而不是仅仅一两位"明星"。

——大卫·阿滕博格

小行星撞击

许多人认为，是巨大的流星撞击地球导致了恐龙灭绝，类似的事件也有很大可能再次发生。这种撞击释放的能量，比数百亿颗原子弹爆炸产生的能量还要大，会使大气层陷入长达数年的黑暗中，导致生物大灭绝。

如果我们现在着手准备，人类生存的概率就会大大增加。恐龙永远不知道到底是什么击中了它们。

——加来道雄

超级火山

超级火山非常非常巨大！如果它爆发，会喷出数万亿吨的岩浆，就像小行星撞击地球一样，可能改变整个大气层的构成，遮蔽太阳数年之久。人们从来没有见过这样的火山爆发，但美国黄石公园可能是未来一个潜在的爆发点。

超级火山爆发的影响很可能摧毁人类文明的进程。

——格雷戈·布雷宁

世界末日钟

世界末日钟是由一些科学家设立的标志性时钟。它离午夜越近，表明我们离全球性毁灭的危险越大。2018 年 1 月 25 日，钟表被调到 11:58，距离象征"世界灾难末日"的午夜时分仅剩 2 分钟。

自我毁灭

如果核武器在大城市爆炸，爆炸中心可能比太阳表面的温度还高，爆炸产生的龙卷风式的狂风会让火焰四下蔓延，造成上百万人的死亡。长远来看，土壤遭受的核辐射污染可持续数千年。

我宁愿世界和平（peace），也不愿地球成为碎片（pieces）。

——莫拉（9 岁）

减少浪费、重复利用和循环使用

目前，人类每年产生将近 10 亿吨垃圾，这个数字在未来十年会成倍增长。塑料降解需要 1000 年，假设古罗马人发明了塑料，那么今天我们仍被他们遗留的塑料垃圾包围着。玻璃瓶需要 100 万年才能完成生物降解——这就是循环使用之所以重要的原因。

当我看见人们丢弃可以利用的东西，我的内心会充满愤懑。

——特蕾莎修女

可持续发展的未来

如果我们大量捕捞鱼类，又没有人工协助鱼类繁殖，使其数量恢复到正常水平，那这种捕鱼方式就是不可持续的。风能和水能这样的自然能源是可持续的。同样，如果我们多食用本地食材，我们就不用耗费飞机、卡车和轮船的能源从世界各地运输食物。可持续发展对于人类的未来至关重要。

我们孤独吗？

地球的条件非常特殊。那么，我们的星球是独一无二的吗？人们相信，浩瀚无垠的太空中，有这么多恒星和星系，一定存在类似地球这样的星球。迄今为止，人们发现的离我们最近的"地球候选者"被称为开普勒 –452b，距我们 1400 光年远，但并没有发现生命迹象。

科学家们认为，有些类似地球的星球会比地球的年龄大得多，其中一些星球上可能有智能生命。这些外星人有更多的时间来进化和发展星际旅行，所以他们可能在任何一秒钟，到达我们的家门口！

针对这种对外星人存在性的过高估计，意大利物理学家恩里科·费米曾提出一个著名的悖论："他们都在哪儿呢？"（意即：如果真的存在更高形态的地外文明，为什么人类从来没有探测到过。——编者注）

事实上，我们不知道是否还有其他居住着"地球人"的星球。迄今为止，我们的星球依然孤独地存在着，这也告诉我们，它是如此与众不同，我们又何其幸运。我们应当用心守护这个美妙的世界——浩瀚宇宙中，它是我们唯一的家园！